JN261834

第1章：一般公開用ウェブサイトとして使う

1．更新担当は全員！現場からの直接更新で多面的な情報発信を実現

広島市立瀬野小学校

口絵1-1　　　　　　　　　　　　　　　　　口絵1-2
児童が主体となって【日誌】を更新する「せのっ子トピックス」の編集風景

口絵1-3：【日誌】を活用した「せのっ子トピックス」

第2章：グループウェア（非公開会員制サイト）として使う

1．グループウェアで校務をもっと効率的に

山形県教育センター

口絵1-4：NetCommons導入前に予定を書き込んでいた黒板

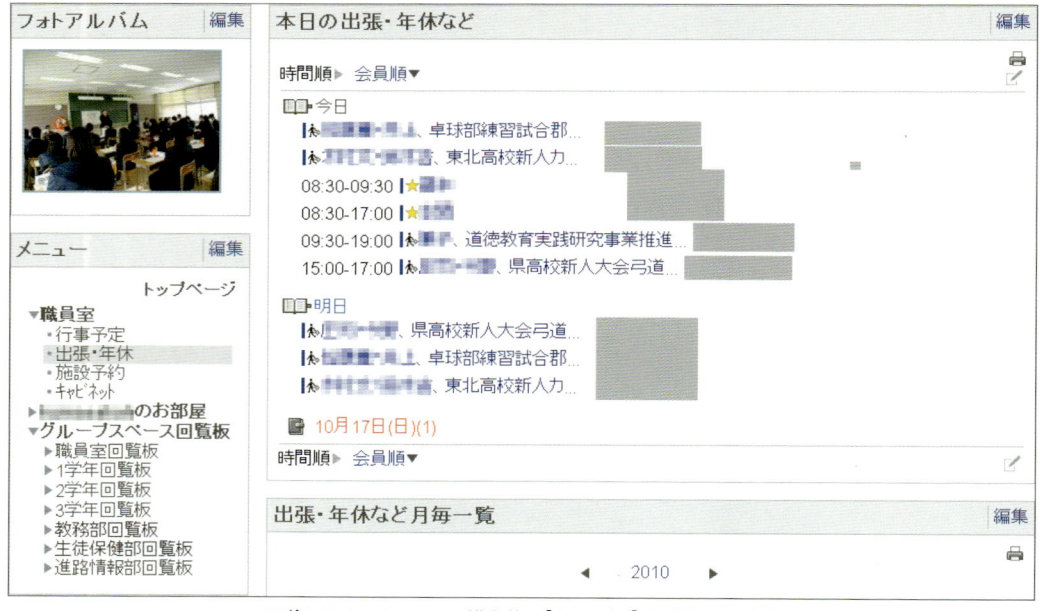

口絵1-5：NetCommons導入後、【カレンダー】を活用した予定表

2. 関係各所への文書配信を正確かつ低コストに

徳島県立総合教育センター

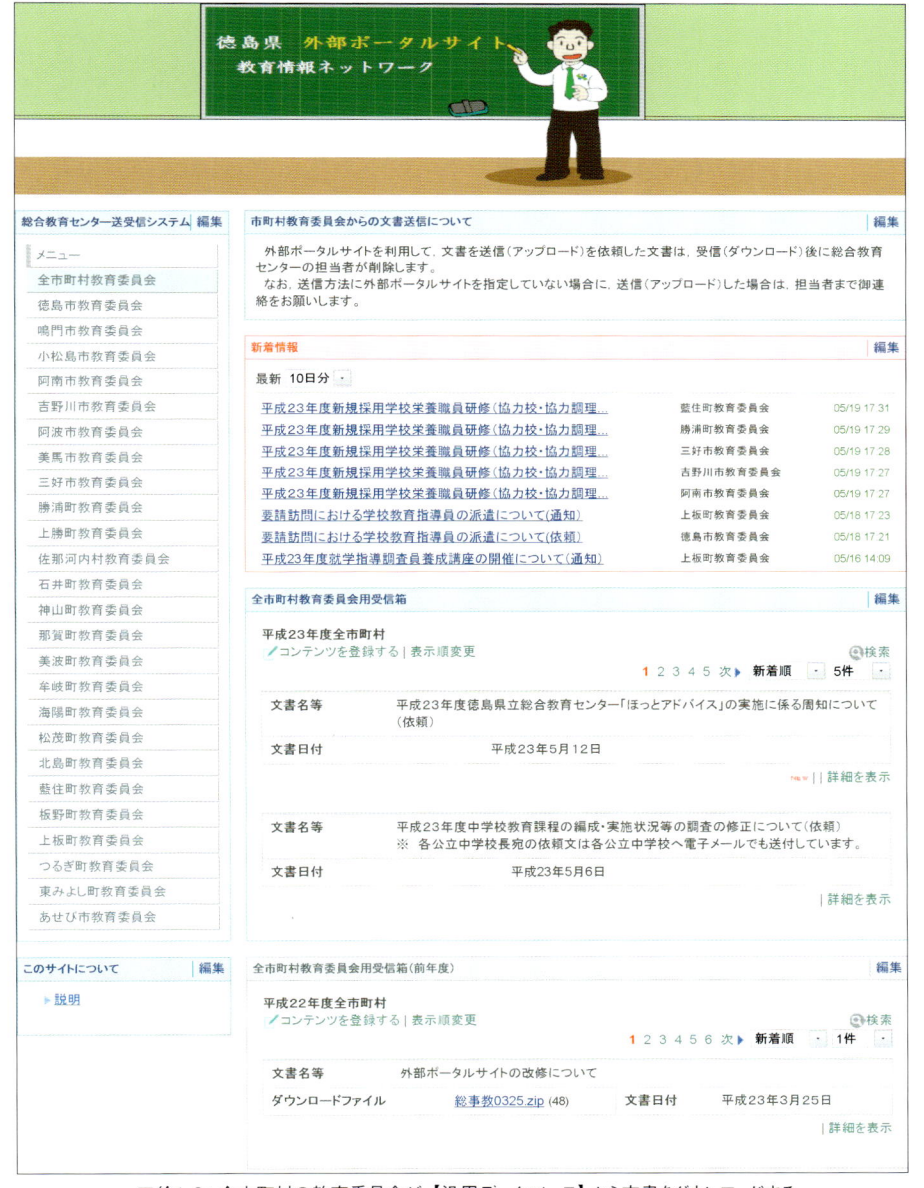

口絵1-6：全市町村の教育委員会が【汎用データベース】から文書をダウンロードする

第3章：教育の場面（e-ラーニング、情報モラル教育）で使う

1．児童が作り上げる学校データベース

深谷市立上柴東小学校

口絵1-7
「本の紹介データベース」についてグループで相談・推敲箇所の説明

口絵1-8

口絵1-9：【汎用データベース】を活用した「本の紹介データベース」

4. 社員教育に大活躍、小テストモジュール

株式会社ジョイフル本田

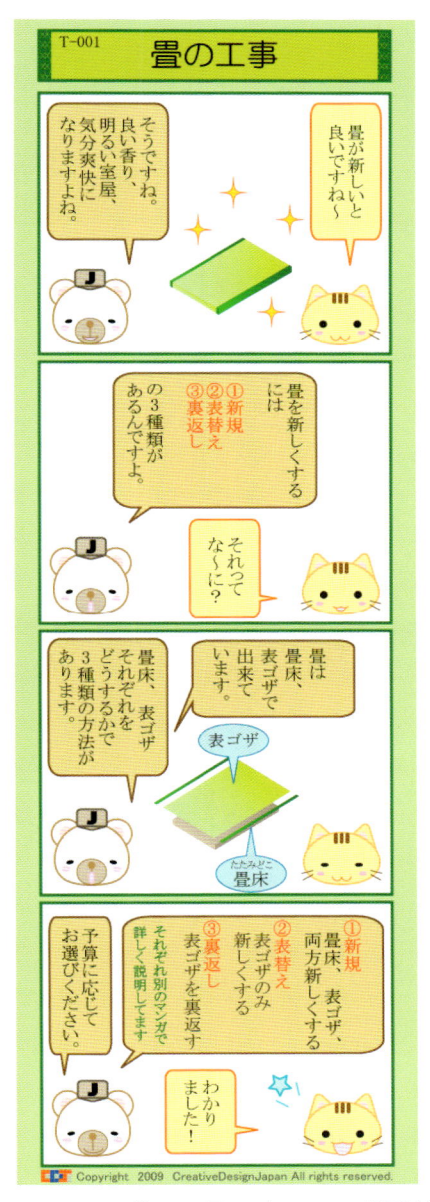

口絵1-10：畳の工事についての漫画教材（【お知らせ】と【小テスト】）

第4章：見えない絆となる安心・安全な情報基盤として使う

4．被災地の要請と支援を結びつけるポータルサイト

文部科学省

口絵1-11：【お知らせ】に埋め込んだ地図をクリックすると【汎用データベース】へのリンクが表示

口絵1-12：支援の要請が書かれた【汎用データベース】

ネットコモンズ公式マニュアル nc

私にも！デキちゃった

NetCommons
実例でわかるサイト構築

新井 紀子・平塚 知真子・松本 太佳司 著

◆ 読者の皆さまへ ◆

　小社の出版物をご愛読くださいまして、まことに有り難うございます。
　おかげさまで、(株)近代科学社は1959年の創立以来、2009年をもって50周年を迎えることができました。これも、ひとえに皆さまの温かいご支援の賜物と存じ、衷心より御礼申し上げます。
　この機に小社では、全出版物に対してUD（ユニバーサル・デザイン）を基本コンセプトに掲げ、そのユーザビリティ性の追究を徹底してまいる所存でおります。
　本書を通しまして何かお気づきの事柄がございましたら、ぜひ以下の「お問合せ先」までご一報くださいますようお願いいたします。

　お問合せ先：reader@kindaikagaku.co.jp

　なお、本書の制作には、以下が各プロセスに関与いたしました：

・企画：小山 透
・編集：高山哲司
・組版：DTP（InDesign）／tplot inc.
・印刷：藤原印刷
・製本：藤原印刷
・資材管理：藤原印刷
・カバー・表紙デザイン：株式会社プランニング・ヴィ
・キャラクターデザイン：佐藤有美／株式会社プランニング・ヴィ
・イラスト：古山菜摘／株式会社エデュケーションデザインラボ
・広報宣伝・営業：冨髙琢磨、山口幸治
・制作協力：NPO法人 コモンズネット

本書に記載されている会社名・製品名等は、一般に各社の登録商標または商標です。本文中の©、®、™等の表示は省略しています。

・本書の複製権・翻訳権・譲渡権は株式会社近代科学社が保有します。
・ JCOPY ＜（社）出版者著作権管理機構 委託出版物＞
本書の無断複写は著作権法上での例外を除き禁じられています。
複写される場合は、そのつど事前に（社）出版者著作権管理機構
（電話 03-3513-6969、FAX 03-3513-6979、
e-mail: info@jcopy.or.jp）の許諾を得てください。

はじめに

　NetCommonsをオープンソースで公開して6年になります。その間、繰り返し質問されてきたことがあります。それは、「NetCommonsとは、そもそもどのソフトウェアに分類されるのか？」という質問です。

　「コミュニティウェアなんですか？　それともグループウェアなんですか？」
　「コンテンツ・マネージメント・システムの一種と聞いたんですけれども、Movable TypeやWord Pressとは全然使い方が違いますよね？」
　「『NetCommonsはホームページ構築ツールなのか？　それとも、e-ラーニングなのか？』と上司に聞かれるんですが、それだけじゃないし……。NetCommonsとは何かをうまく説明できないんです」

　この質問は、たぶんNetCommonsというより、2005年以降のウェブ、そして情報処理全般に関する本質的な質問なのでしょう。
　20世紀の終わりまで、情報とは「読者（や受信者）」向けに加工して「提供」されるものでした。そして、多くの場合、その作業は専門家や専門職によって担われてきました。本や雑誌、テレビやラジオはもちろんのこと、ホームページや「公民館だより」でさえそうでした。つまり、かつて情報は「よそ行き」の顔だったわけです。
　けれども、ブロードバンドが整備され、ブログのユーザが1,000万人を超えた頃、その状況は一変しました。「情報」の流通速度を上げることによってもたらされるメリットがあまりにも大きいので、「よそ行き」に整える手間をなるべく省きたいというニーズが高まったからです。
　そのとき、ソフトウェアの分類が何であるかは、もはや主要なテーマではなくなりました。重要なのは、「誰がどのような情報を」発信し、「どの範囲の人々と」共有するか、ということであり、洪水のようにあふれていく情報を、人手ではなくソフトウェア自身によっていかに効率的に編集・整理し、脳にインプット可能なように制御するかなのです。
　情報は目に見えない形でいたるところにあり、形を与えられて（In-form）共有されることを待っている――そのことに気づくことができるかどうかが、組織の成長のカギとなる時代だといってよいでしょう。

　NetCommonsは、2005年に国立情報学研究所が公開したオープンソースのソフトウェアです。NetCommonsには、外部配信向けのポータルサイトの機能（パブリックス

ペース）、個人のバーチャルオフィスとしての機能（プライベートスペース）、グループの情報共有のための機能（グループスペース）が1つのシステムの中で統合されています。

　パブリックスペースを利用すれば、ブログサイトからかなり大規模なポータルサイトまで構築することができます。プライベートスペースでは、会員それぞれのネット上のオフィスとして、ファイルを保存したり、予定表を管理したり、非公開の日誌をつけたりすることができます。グループスペースは、グループウェアとしてあるいはe-ラーニングサイトとして活用することができます。つまり、NetCommonsは「どの範囲の人と」、「どの情報を」、「どのような形で」共有するかをコントロールするために生まれたソフトウェアなのです。

　あらかじめ搭載されている39個のモジュールを「どのスペース」の「どのページ」に配置して、「誰」に使わせるか、ということによって、構築したサイトはホームページにも、グループウェアにも、e-ラーニングサイトにもなりうるのです。

　「その柔軟性こそがNetCommonsの特長なのはわかるけれども、その柔軟性ゆえに迷ってしまう」
　「他のユーザがどうやって使っているのかを具体的に知りたい！」

　そのような方に是非手に取っていただきたいのが、本書、『私にもできちゃった！NetCommons実例でわかるサイト構築』です。サイトを外側から眺めているだけではわからない、権限設定やルーム構築のコツ、効果的なモジュールの組み合わせを、NetCommonsの達人である20団体の実践を通じてご紹介いたします。

　本書の出版にあたり、NetCommonsユーザ各団体には快く取材に応じていただき、貴重なノウハウを共有していただきました。また、池田真理さんには過酷な編集作業を快く引き受けていただきました。心より感謝申し上げます。

　目まぐるしく変化するウェブ技術の中で、ソフトウェアの鮮度を保ち続け、向上を続けるのは簡単なことではありません。その困難な事業に誠心誠意取り組んでいるチームNetCommonsのメンバー、寺口浩平さん、舛川竜治さん、中島正平さんに敬意を表したいと思います。

2011年8月
国立情報学研究所
社会共有知研究センター長　新井 紀子

まえがき

　NetCommonsは2005年にオープンソースソフトウェアとして公開されて以来、多くの学校や公的機関、企業などに導入されてきました。現在2,000以上の学校、また都道府県レベルの教育センターでは3分の2以上で使われ、企業や団体を含めると3,000以上の導入が確認されています。

　本書では、過去6年間にNetCommonsユーザカンファレンスで発表されたベストプラクティスを中心に、NetCommonsの活用事例をご紹介します。また、ウェブサイトやウェブコミュニティ構築では避けられない個人情報・著作権・セキュリティの問題にもふれながら、NetCommonsの基本コンセプトや機能をわかりやすく解説します。

　第1部では、NetCommonsで実現できることが具体的にわかる活用イメージとサイト構築に必要なNetCommons独特の特長をつかんでいただけるよう、様々なメニュー構成、モジュールの組み合わせ方などを実際の事例と取材をもとにご紹介します。取材は平成23年5月から6月にかけて行われました。ウェブサイトのキャプチャ画像もほぼ同時期に実施しています。あらかじめご了承ください。

　第2部では、NetCommonsの基本コンセプトを形づくっている「権限」の概念を中心に、特に「個人情報保護」や「著作権の尊重」の観点からNetCommonsがどのように設計されているかを、公式マニュアルとしてはじめて解説します。第2部の最後には、2010年のNetCommonsユーザカンファレンスにおけるアンケート結果をもとに、NetCommonsユーザに人気がある5つのモジュールについて、オンラインマニュアルではなかなかわからない上手な活用のコツを解説します。

　本書をご覧になって「ぜひNetCommonsでサイトを構築したい」とお考えになった方には、NetCommonsサイトを1から構築していく手順をストーリー仕立てで解説した、既刊の『私にもできちゃった！ NetCommonsで本格ウェブサイト』がきっとお役に立つと思います。また、デザインのカスタマイズ方法については、同じく既刊『私にもできちゃった！ NetCommons実践デザインカスタマイズ』をご参照ください。

　NetCommonsを有効活用していただくにあたり、本書がお役に立てば幸いです。

※本書はNetCommons2.3.2系をもとに解説しています。

第1部の見方

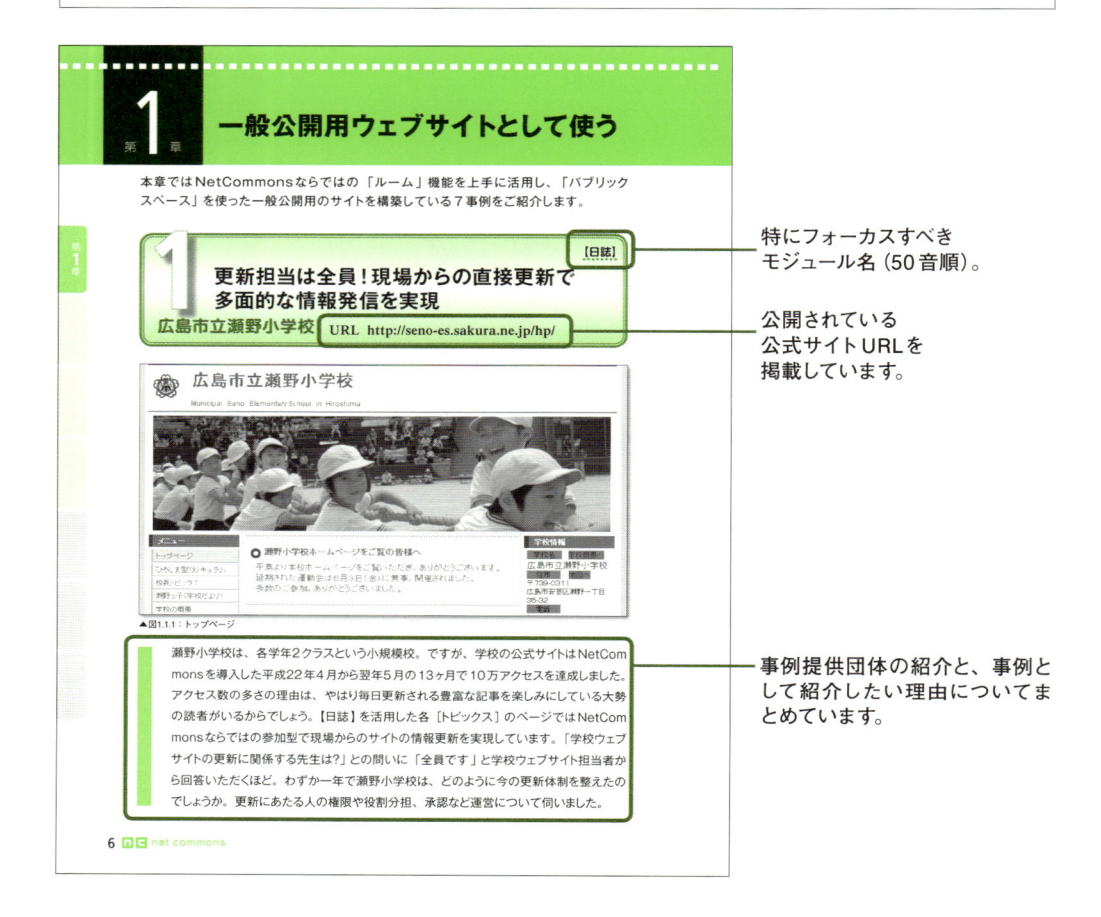

（図：第1章の紹介ページのレイアウト例）

- 特にフォーカスすべきモジュール名（50音順）。
- 公開されている公式サイトURLを掲載しています。
- 事例提供団体の紹介と、事例として紹介したい理由についてまとめています。

> 広島市立瀬野小学校
>
> 楽しそうに取り組んだので、児童に記事作成を任せ、あらかじめ学習させたいカテゴリを登録し、カテゴリごとに子どもたちに考えさせてから投稿させました。このような取り組みを通じて、社会や国語の力を養い、ICTメディアリテラシーを育成したいと考えています。
>
> ◆ NetCommons導入の成果
>
> NetCommonsの導入により記事作成にかかる労力や時間が削減されたことで、現場からの発信が飛躍的に増え、ホームページ作成ソフトでサイトを制作していた頃は広島市内の小学校全140校中70位台だった更新率が現在1位か2位となり、それに伴ってアクセス数も増加するようになりました。
>
> 保護者やPTAからの反応も良く、「子どもから教えてもらって、HPをよく見るようになった」、「自分の子どもや知人の子どもが掲載されていたら、その子の保護者や遠くの祖父母、親戚などに知らせている」、「学校ホームページを活用してPTAやおやじの会について紹介し、活動の輪を広げていきたい」という声が聞かれます。また職員室の会話でも1日1回は必ずホームページが話題に上るようになるなど、職員の学校ウェブサイトに対する関心も高まったそうです。
>
> ◆ ランニングコストについて
>
> 現在システムは、学校が単独で民間のレンタルサーバーに申し込みをし、運用しています。そのためサーバーやシステムのバージョンアップなどのメンテナンスが多忙のため、思うようには保守できていません。専門知識も必要で、良くわかっている人しか作業できないため、安全安心に利用するためにはやはりSaaSでの管理運用または自治体一括導入が望ましいと考えています。

— 事例提供団体の担当者に取材した内容を担当者が語る形でまとめました。

> ■ まとめの一言
>
> 「一般権限」を職員全員に付与し、
> 声がけで公式サイトの【日誌】の全員更新体制が定着。

— 事例の特徴について一言でまとめました。

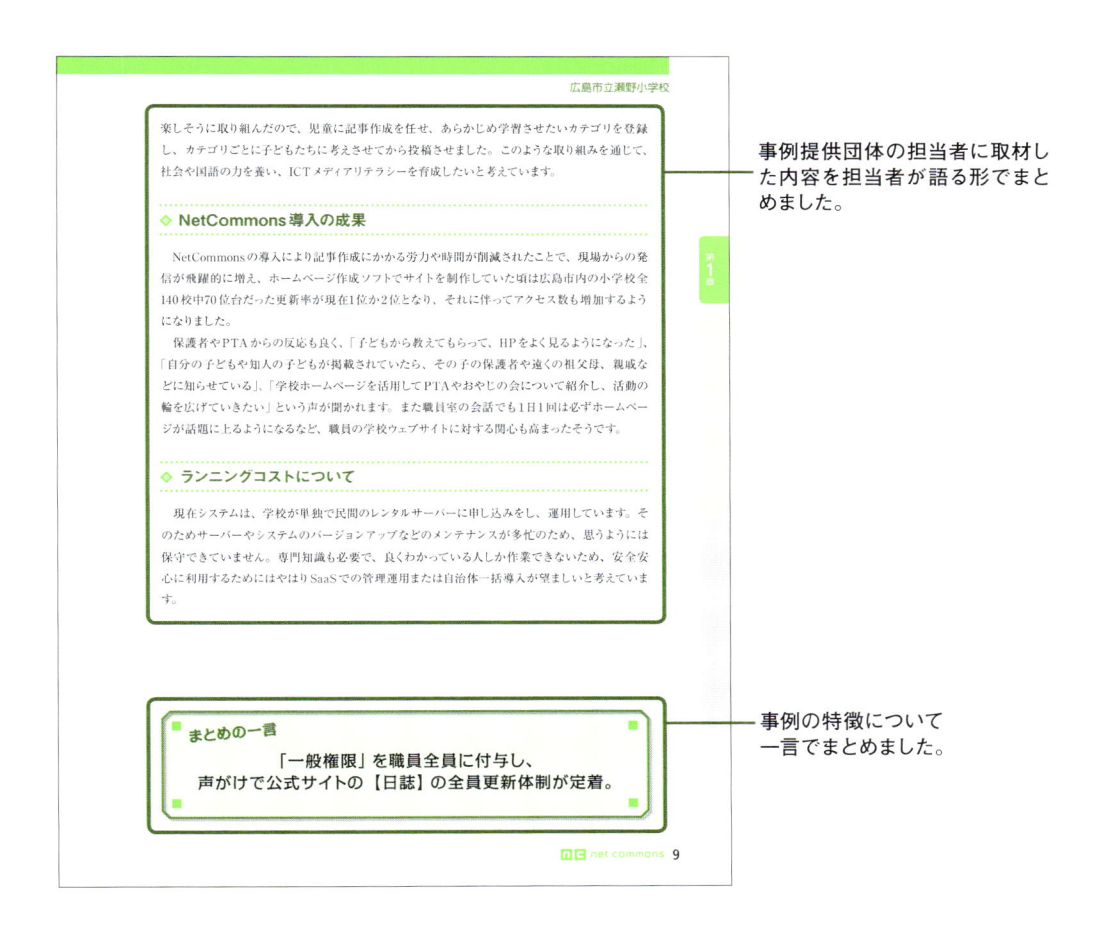

凡例

- NetCommonsのモジュールの名称は【　】で囲みます。
  例：【お知らせ】
- ウェブブラウザ上のリンクまたはボタンは［　］で囲みます。
  例：［管理］をクリック
- 連続してクリックしていく操作は、リンクまたはボタンの名前を＞でつなぎます。
  例：［管理］＞［システム管理］＞［権限管理］
- NetCommons特有の用語は「　」で囲みます。
  例：「ルーム」、「主担」、「一般」

目次

はじめに iii
まえがき v
第1部の見方 vi
凡例 vii

第1部 NetCommonsの活用イメージをつかむ 6

第1章 一般公開用ウェブサイトとして使う 6

1. 更新担当は全員！現場からの直接更新で多面的な情報発信を実現
   広島市立瀬野小学校 6
2. 山間部小規模自治体、全17施設を1つのNetCommonsで
   大子町教育ポータルサイト 10
3. 研究室と学会の大会時限ウェブサイトを1つのNetCommonsで
   筑波大学大学院生命環境科学研究科生命産業科学専攻
   日本水処理生物学会つくば大会 14
4. 日々の業務がそのまま組織のデータベースに
   社団法人 日本教育工学振興会（JAPET） 18
5. 1ページに【メニュー】を2つ設置することで閲覧者を上手にナビゲート
   大崎上島町 22
6. タイムリーな情報配信と会員専用コンテンツの提供を
   バランスよく運営するヒントが満載
   カブケイ・株式経済新聞 26
7. 公開用サイトとメンバー専用サイトを同時構築
   社団法人 島原青年会議所 30

第2章 グループウェア（非公開会員制サイト）として使う 34

1. グループウェアで校務をもっと効率的に
   山形県教育センター 34
2. 関係各所への文書配信を正確かつ低コストに
   徳島県立総合教育センター公式サイト 38
3. カレンダーで部署ごとの動静を一覧表示
   埼玉県立総合教育センター 42
4. 速やかな情報共有で共同執筆プロジェクトが2ヶ月で完了
   特定非営利活動法人 コモンズネット 46
5. 在宅ワーカー35人がウェブで情報共有
   株式会社エデュケーションデザインラボ（EDL） 50

第3章 教育の場面（e-ラーニング、情報モラル教育）で使う ······ 54
1. 児童が作り上げる学校データベース
   深谷市立上柴東小学校 ·· 54
2. 情報モラルの授業をNetCommonsで
   春日部市立上沖小学校 ·· 58
3. 大学入学予定者の不安を期待に変えるコミュニティサイト
   国際基督教大学（ICU） ·· 62
4. 社員教育に大活躍、小テストモジュール
   株式会社ジョイフル本田 ··· 66

第4章 見えない絆となる安心・安全な情報基盤として使う ······ 70
1. 【登録フォーム】で安否確認
   潮来市立潮来第一中学校 ··· 70
2. インフルエンザで休校、タイムリーかつ安全な情報配信に威力を実感
   神戸市教育委員会
   神戸教育情報ネットワーク ·· 74
3. 少ないバッテリー、不安定な通信環境に左右されない情報発信を模索
   岩手県立総合教育センター ·· 78
4. 被災地の要請と支援を結びつけるポータルサイト
   東日本大震災 子どもの学び支援ポータルサイト〈文部科学省〉······ 82

コラム　学校危機管理としてのICT ······································ 86

第2部
NetCommonsの理解を深める ······································· 95

第5章 NetCommonsはなぜ生まれたか ························ 97
1. ウェブサイトの仕組み ·· 97
2. コンテンツ・マネージメント・システム（CMS）、グループウェア、
   ラーニング・マネージメント・システム（LMS） ·················· 102
3. NetCommonsはなぜ生まれたか ···································· 104

第6章 情報管理のルールを決める ···························· 108
1. 「情報」の「管理」とは？ ··· 108
2. NetCommonsにおける権限の考え方 ······························ 110
3. ベース権限の考え方 ··· 111
4. ルームと権限について（ルーム内権限） ·························· 116

目次

第7章 NetCommonsで「人」と「場」を設定する ……… 119
1. 【個人情報管理】 ……… 119
2. 【会員管理】 ……… 123
3. 【権限管理】 ……… 131
4. 【ルーム管理】 ……… 134

第8章 ここはおさえたい！NetCommons人気モジュール ……… 136
1. 「パブリックスペース」の【日誌】に「一般」会員からの投稿を許可する …… 138
2. 【新着情報】と他のモジュールを組み合わせて、最新ニュースとして配信する ……… 144
3. 【お知らせ】を使って、「Googleマップ」「YouTube」や「Amazon」と連携させる ……… 147
4. 【カレンダー】を使ってメンバーの今週の予定を把握する ……… 155
5. 【回覧板】 ……… 162

付録
1. 公式サイトの使い方 ……… 169
2. 特定非営利活動法人コモンズネット ……… 171
3. 取材協力一覧 ……… 172

索 引 ……… 174

第1章　一般公開用ウェブサイトとして使う

第2章　グループウェア（非公開会員制サイト）として使う

第3章　教育の場面（e-ラーニング、情報モラル教育）で使う

第4章　見えない絆となる安心・安全な情報基盤として使う

第1部　NetCommonsの活用イメージをつかむ

NetCommonsを導入すると、どんなサイトが実現するのでしょうか。そしてそれはホームページ作成ソフトで作った従来のサイトと、いったい何が異なるのでしょうか。

まずNetCommonsは、サイトの内容を短時間で更新できる「CMS」の仕組みを持っています。CMSとはコンテンツ・マネージメント・システム（Contents Management System）の略称で、HTMLやスタイルシートなど、ウェブサイトの構築、更新に必要な専門知識が必要とされる部分は全てシステムが制御するため、利用者はテキストや画像などのコンテンツのみを入力していくことで、簡単にウェブサイトを更新することができます。また、サイト内のナビゲーション（メニューなどのリンク）や、新着情報などの必要なリンクの更新をシステムが自動的に実施してくれます。そのため、今までサイト更新にかかっていた時間や手間を大幅に減らすことができるのです。

さらにNetCommonsには従来のサイトや他のCMSとも違う特長があります。それは、サイトの運営体制です。従来のサイトの運営体制は、管理者が一人か二人、ありとあらゆる部分について責任を持ち、実際のサイトの更新作業にもあたります。例えば、学校の保健室や給食のお知らせは、サイトの管理者が記事をあずかって、ウェブサイトに掲載していました。紙で発行される『保健室だより』や『給食だより』の場合、保健室の先生や栄養士さんが原稿を書いた形のまま、学校として発行していますが、ウェブサイトに掲載する場合、自分では記事を直接編集できないのです。その理由は、ウェブサイトに記事を掲載するには専門的な知識や技術が必要とされていたからですが、実はもう1つの理由があります。それはウェブサイトの更新作業を分業するために必要な「権限」を柔軟に設定できないからです。NetCommonsを導入して一番大きく変えられるのは、この現場の担当者が直接サイトに情報発信できるという運営体制なのです。

NetCommonsには、「誰」に「何」をどこまで任せるのか、というデリケートな権限設定を必

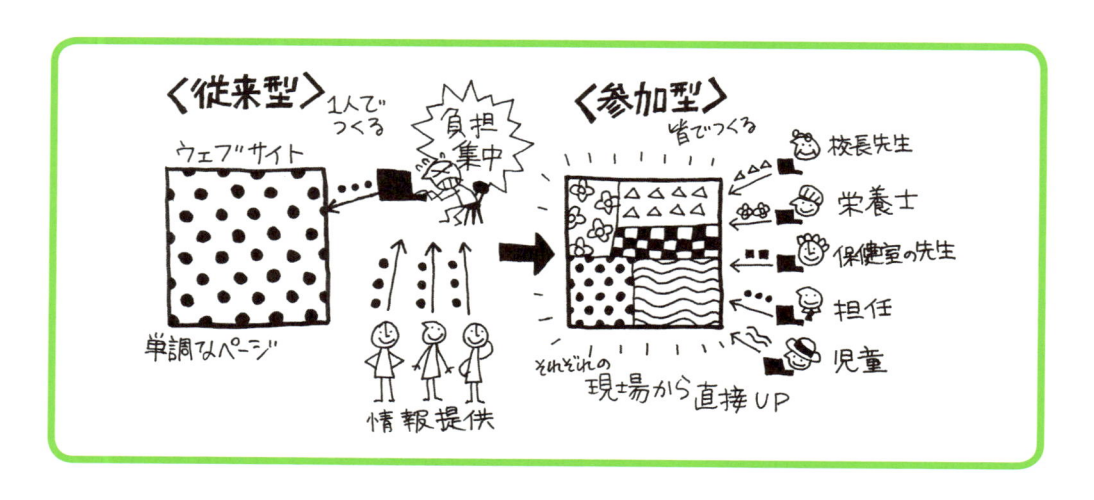

要に応じて柔軟に設定することが可能です。逆に言えば、NetCommonsではどのページを「誰」に担当してもらい、「何」についての情報を発信してもらうのか、さらにその担当者にページのレイアウト編集権限まで付与するのか、それともお知らせや記事の更新のみを依頼するのかなど、「どこまで」任せるのかについて、管理者が決める、という作業が新たに発生するのです。NetCommonsにおけるサイトの「管理者」とは「サイトを更新する人」を指すだけでなく、サイトを構成する様々なコンテンツ（内容）を、「誰」にメンテナンスしてもらうのかを決定する人を指します。また、「管理者」はサイトに参加する「会員」が登録した個人情報を管理する役割も担っています。もちろん従来通り、管理者が一人ですべてのコンテンツを管理しても良いので、そこは利用者次第です。

そこで、NetCommonsでサイトを構築する際に意識して決めていただきたいのが、「誰（人）」に「どこ（場所）」で「何（作業内容）」をさせるか、という三点です。「誰」に「何」を任せるのか、についてはすでにご説明しました。最後の「どこ（場所）」とは、どういう意味でしょう？

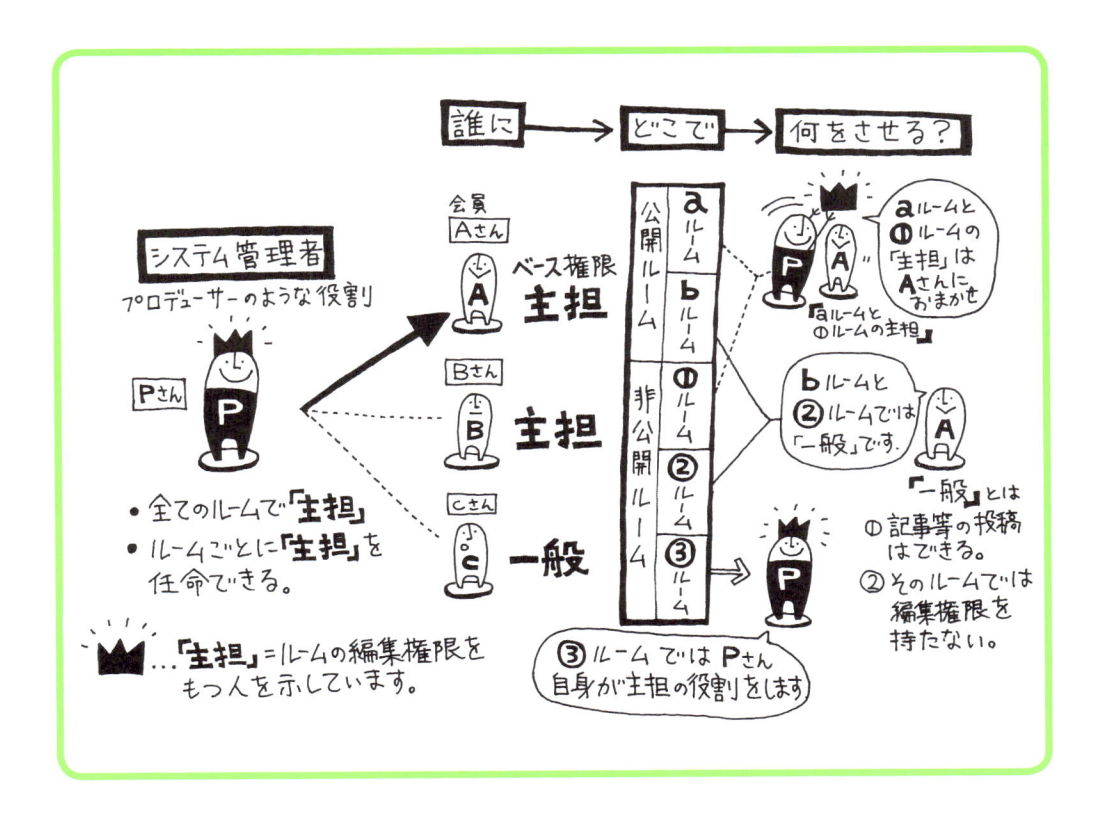

図：誰に → どこで → 何をさせる？

- システム管理者 Pさん（プロデューサーのような役割）
  - 全てのルームで「主担」
  - ルームごとに「主担」を任命できる。
  - 👑…「主担」＝ルームの編集権限をもつ人を示しています。

- 会員Aさん：ベース権限「主担」
- Bさん：「主担」
- Cさん：「一般」

公開ルーム：aルーム、bルーム
非公開ルーム：①ルーム、②ルーム、③ルーム

- aルームと①ルームの「主担」はAさんにおまかせ
- bルームと②ルームでは「一般」です。
- 「一般」とは ①記事等の投稿はできる。②そのルームでは編集権限を持たない。
- ③ルームではPさん自身が主担の役割をします

NetCommonsは情報共有する内容や目的に応じて、一般公開するのか、それとも非公開で会員にのみ表示させるのか、どちらか「場所」を選択することができます。公開か非公開か、それぞれの「場所」をNetCommonsでは「パブリックスペース」、「グループスペース」と呼んで区別しています。

さらにこの「スペース」には「ルーム」を設置することができます。「ルーム」とはなんでしょうか？組織で活動する場合、複数の担当メンバーによる打ち合わせがつきものです。打ち合わせをするためにはそのための場所、「会議室」が必要ですし、「壁とドア」がなくては落ち着いて話し合えません。また議事録を保管するための「ノート」や「キャビネット（引き出し）」も必要になります。「ルーム」とはまさに、そんな「会議室」の役割をするインターネット上の「場所」に相当するものです。「壁とドア」は、NetCommonsの場合、その「ルーム」に誰を参加させるか自由に設定でき、そのルームに登録されていない会員には「ドア（入り口）」を表示しないように設計されています。

この「ルーム」はいくつでも設定することができます。また、「ノート」や「キャビネット」にあたるものは「モジュール」と呼ばれています。

NetCommonsで構築されたサイトには、幼稚園から小学校、大学、研究室といった学校サイトをはじめ、自治体のサイト、NPOや学会、公益法人のサイト、そして企業や飲食店などの商用サイトなど多種多様です。さらに外部の人の目には触れないけれど、グループウェアとしても相当数活用されています。いずれにしてもNetCommonsは組織の内と外に向けた情報発信、情報共有をトータルに管理することが大変得意であり、大勢の人がインターネットを使って、それぞれの役割や現場から限定的に参加できるようにしたり、必要がある度に設定を素早く変更したりすることが容易なのです。

　「今よりもウェブサイトの更新や管理にかかっている手間と時間を大幅に減らすことができるからNetCommonsを導入したい」、という組織も多いのですが、このようにNetCommonsの持つ機能はそれだけではありません。使いこなしのポイントは運営の体制をどう設計するかにあるといえます。

　とはいえ、これまでどんなふうに使われているのか、特にグループスペースにおける運用方法については非公開なだけに知るすべがありませんでした。本書では第1部において、すでにNetCommonsを導入し、運用されている実際のサイトの管理者に取材させていただき、どのように使われているのかを具体的に解説しました。これらを参考に、まずはNetCommonsサイトの活用イメージをつかんでください。

　第1章では、一般公開用サイト、いわゆるウェブサイトとして活用されている代表的な事例を見ていきます。NetCommonsだからこそできる複数の更新担当制、対象や内容のまったく異なる別サイトの同時構築例、情報発信すると同時に情報を格納できる仕組みなどについてご紹介します。

　第2章では、非公開用サイト、いわゆる会員制サイトや、グループウェアとしての活用事例を見ていきます。通常は外部からうかがい知ることのできない非公開のバーチャルエリアが、どのように構築、運営されているのか、本書のために惜しみなく公開していただきました。

　第3章では、公開、非公開を問わず、教育用サイトとして、あるいはe-ラーニング教材、情報モラル教育の授業において使われている事例を見ていきます。

　第1部の最終章となる第4章では、組織の情報基盤サイトとして、外や内に向けての不測の緊急事態にどう対応するか、NetCommonsができることをご紹介します。

第1章 一般公開用ウェブサイトとして使う

本章ではNetCommonsならではの「ルーム」機能を上手に活用し、「パブリックスペース」を使った一般公開用のサイトを構築している7事例をご紹介します。

1 更新担当は全員！現場からの直接更新で多面的な情報発信を実現 【日誌】

広島市立瀬野小学校　URL http://seno-es.sakura.ne.jp/hp/

▲図1.1.1：トップページ

瀬野小学校は、各学年2クラスという小規模校。ですが、学校の公式サイトはNetCommonsを導入した平成22年4月から翌年5月の13ヶ月で10万アクセスを達成しました。アクセス数の多さの理由は、やはり毎日更新される豊富な記事を楽しみにしている大勢の読者がいるからでしょう。【日誌】を活用した各［トピックス］のページではNetCommonsならではの参加型で、現場からのサイトの情報更新を実現しています。「学校ウェブサイトの更新に関係する先生は？」との問いに「全員です」と学校ウェブサイト担当者から回答いただくほど。わずか一年間で瀬野小学校は、どのように今の更新体制を整えたのでしょうか。更新にあたる人の権限や役割分担、承認など運営について伺いました。

◆ 瀬野小学校のNetCommons活用方法

瀬野小学校のサイトには、[給食トピックス]や[保健トピックス]など各現場から発信される13トピックスのページが設けられています。どのトピックスもすべて同じ設定で使われており、モジュールは【日誌】を活用しています。ブログ感覚で簡単に記事投稿ができるという【日誌】の特性を活かし、学校・学年行事のみならず、普段の学校生活の様子についても積極的に情報発信しています。子どもたちの学習の様子や声や反応など、「地味でベタ」、「飾らない普段着の様子」を見せることを心がけています。また、ふだん保護者があまり知ることのない学校の施設改善、校内研究会、飼育している動物の様子や委員会活動などについても情報公開するようにしています。

本サイトの「主担」は管理職である校長とサイト管理の実務を担う学校ウェブサイト担当者を設定しています。それ以外の学年・分掌担当者は現場から「一般」の権限で記事を作成し、更新の度に管理職の承認を得てから一般公開します。

【日誌】は、記事の承認機能が標準搭載され、記事を投稿すると「主担」に通知され、承認を経てネット上に公開される仕組みなので、承認までの流れはスムーズです。学校ウェブサイト担当者はレイアウトなどサイトのメンテナンスやカスタマイズを実施し、管理職から依頼を受けたときには、記事承認の代理手続きを行います。また普段から各学年に「記事を作りましょう！」とこまめに呼びかけ、更新が活発になるよう働きかけています。

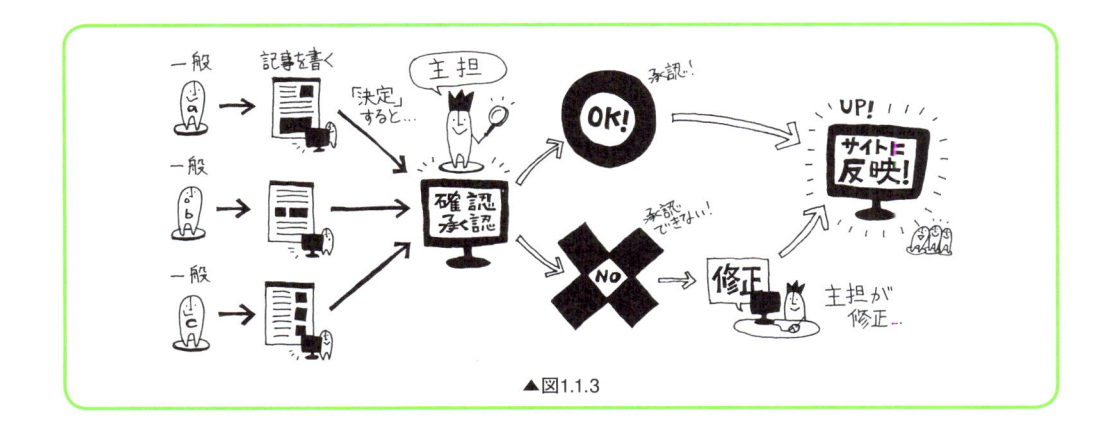

▲図1.1.2：13ものトピックスが設けられたメニュー

▲図1.1.3

◆ 児童が更新するコンテンツ

　本サイトには、【日誌】を活用して児童に更新を担当させている「せのっ子トピックス」というページがあります。学校ウェブサイト担当者が担任する6年生のクラスが更新を担当、日直の仕事として位置づけました。

　はじめ児童たちは「えー！大変そう…」という反応でしたが、今では進んで下書き用紙を取りに来るようになり、あらかじめ記事のネタを考えるようになりました。ウェブサイトで自分の記事が発信されることや、友達とお互いに記事を見合えることが楽しいようです。記事の公開前に、先生は下書きの段階で誤字脱字のチェックを行い、言語での表現についても児童と話し合い、推敲します。

　また、平成23年1月末から約5週間、5年生の1クラスを抽出し、県外の学校（新潟市立上所小学校）と学習交流（平和学習・社会科）を行いました。

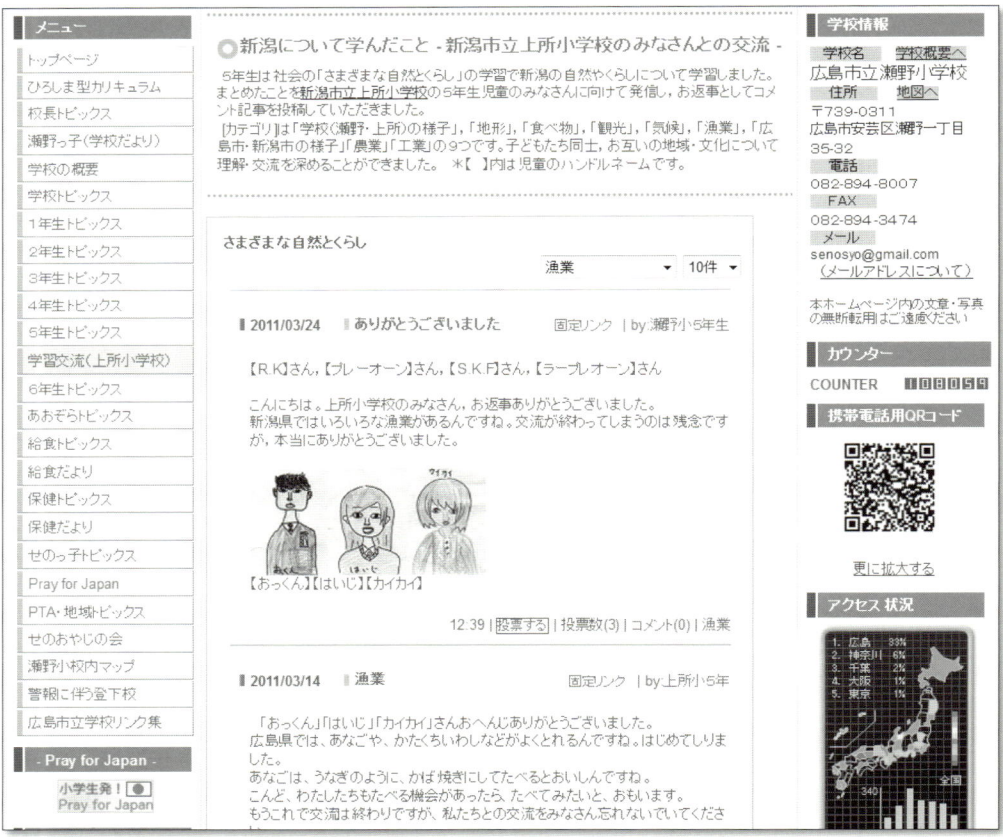

▲図1.1.4：新潟市立上所小学校との交流ページ

はじめは先生が投稿を代行する予定でしたが、児童に投稿を行わせてみたところ、記事の作成にもモチベーションが高く、いきいきと楽しそうに取り組んだので、児童に記事作成を任せ、あらかじめ学習させたいカテゴリを登録し、カテゴリごとに子どもたちに考えさせてから投稿させました。このような取り組みを通じて、社会や国語の力を養い、ICTメディアリテラシーを育成したいと考えています。

◆ NetCommons導入の成果

　NetCommonsの導入により記事作成にかかる労力や時間が削減されたことで、現場からの発信が飛躍的に増え、ホームページ作成ソフトでサイトを制作していた頃は広島市内の小学校全140校中70位台だった更新率が現在1位か2位となり、それに伴ってアクセス数も増加するようになりました。

　保護者からの反応も良好で、「子どもから教えてもらって、ホームページをよく見るようになった」、「自分の子どもや知人の子どもが掲載されていたら、その子の保護者や遠くの祖父母、親戚などに知らせている」、「学校ホームページを活用してPTAやおやじの会について紹介し、活動の輪を広げていきたい」などの声が聞かれます。また職員室の会話でも、1日1回は必ずホームページが話題に上るようになるなど、職員の学校ウェブサイトに対する関心が高まりました。

◆ ランニングコストについて

　現在システムは、学校が単独で民間のレンタルサーバーを申し込み、運用しています。サーバー管理やシステムのバージョンアップには専門知識が必要で、良くわかっている人しか作業できないため、安全安心に利用するためには、やはりSaaS[1]での管理運用または自治体一括導入が望ましいと考えています。

> **まとめの一言**
> 「一般権限」を職員全員に付与し、
> 声がけで公式サイトの【日誌】の全員更新体制が定着

---

1 SaaS (Software as a Service ：「サース」あるいは「サーズ」)とは、特定のソフトウェアをインストールして、ソフトウェアもサービスとして提供する形態。ソフトウェアのメンテナンスも含めて、遠隔地にあるデータセンターの専門技術者が面倒を見てくれるため、十分なノウハウがない利用者にとってはメリットが大きいといえます。ただし、SaaSの場合は、与えられたソフトウェアをそのまま使わなければならないため自由度が下がることやメンテナンス費用を支払うことは受け入れなければなりません。

第1章 一般公開用ウェブサイトとして使う

2 山間部小規模自治体、全17施設を1つのNetCommonsで

【カレンダー】【新着情報】【日誌】【メニュー】

大子町教育ポータルサイト　URL http://www.daigo.ed.jp/

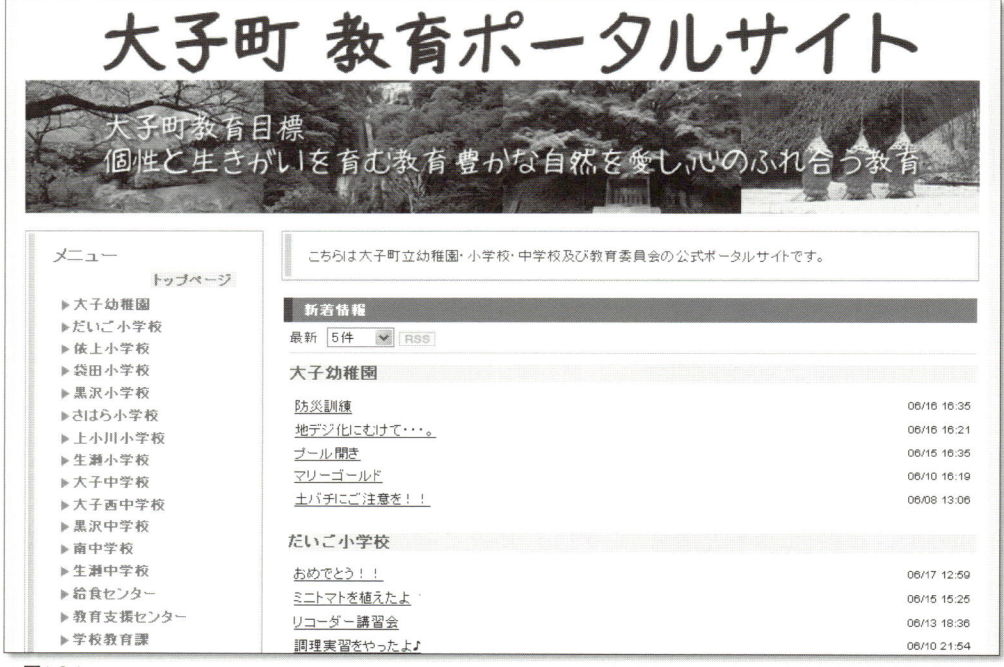

▲図1.2.1

「大子町教育ポータルサイト」を運営しているのは"袋田の滝"で有名な、山間部小規模校の多い茨城県大子町教育委員会。NetCommons導入前まで学校ウェブサイトを持っているのは12校のうちわずか2校、いずれも定期的な更新ができていませんでした。平成22年に教育委員会の主導によりNetCommonsによる「一気に丸ごと情報化」が実現しました。本サイトの特徴は1つのNetCommonsに12校と5施設を加えた計17サイトが同居している点、そして毎日忙しい上にインターネットでの情報発信に慣れていない先生方にとって新たな負担とならないよう、「小さく生んで大きく育てる」を合言葉に始まった各校3ページのサイト構成です。

◆ 大子町教育委員会のNetCommons活用方法

　現在は公開用のみ、いわゆる学校ウェブサイトとして活用しています。1つのNetCommonsの「パブリックスペース」の中には17の「ルーム」を設置、トップページには全ルームを【メニュー】上に表示し、【新着情報】でも全ての学校の新着記事を掲載しています。17の内訳は公立幼稚園が1つ、公立小学校が7つ、公立中学校が5つ、そして給食センター、教育支援センター、学校教育課、生涯学習課です。従来ならば、これら17サイトを個別に運営する方法しかありませんでしたが、NetCommonsでは1つのシステムですべてカバーすることができます。そのため全サイトの管理者が指導主事一名で済み、各校には記事の更新だけを依頼するという新しい体制を作ることができ、全校の情報化を無理のない形で速やかに実現することができました。

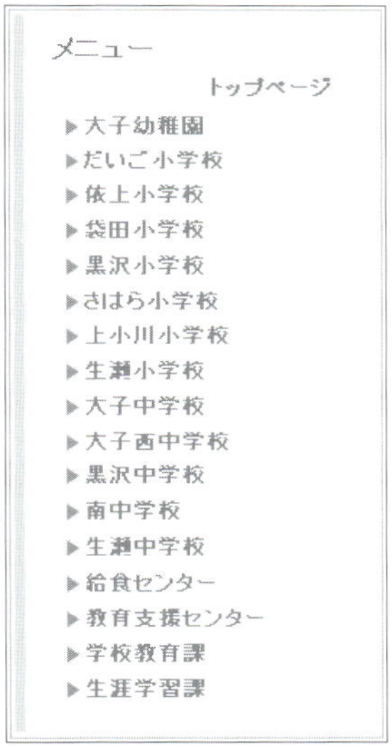

　大子町のように小規模な学校が数多く存在する自治体にとって、ウェブサイトの費用面のハードルは高く、SaaS型でしかも1つのNetCommonsで構築したことから、それがクリアされ、全校で一気にウェブサイトが整備されたことは大きな収穫でした。

　本サイトの導入にあたり、更新のためのガイドラインを作成し、全体的な操作のための研修を1度実施しました。

　現場の先生方からはブログやメールのように気軽に発信できると喜ばれています。学校や事務所以外でもネット環境があれば更新できる手軽さも魅力です。そのため更新率に学校間格差があまり見られません。

　【メニュー】から各学校名をクリックすると、トップページと異なる画面レイアウトが表示され、その学校のオリジナルヘッダーが表示されます。さらに【メニュー】も左から右側に移り、その学校ごとの3ページのみが表示されるため、各校が独立したサイトとして見えるように構築されています（図1.2.3）。

　通常、メニューは「サイト上に存在しているページをすべて表示するもの」だと思われがちですが、NetCommonsではサイト内のどのページをメニューとして表示するか「主担」がコントロールできるように設計されています。【メニュー】はサイト内にいくつでも設置することができます。そこで、ページごとに表示内容を変更した【メニュー】を設置することも可能です。

　また、NetCommonsの【メニュー】を見ても、どのページが「ルーム」で、どのページが「カテゴリ」で作成されているのか閲覧者には区別がつきません。この【メニュー】と【ルーム管理】の機能を活用して、本サイトでは1つのシステムで17のサイトを運営しているのです。

▲図1.2.2：1つのNetCommonsに設置された17ルーム

第1章 一般公開用ウェブサイトとして使う

▲図1.2.3：大子町立さはら小学校のトップページ

▲図1.2.4：大子町立大子中学校のトップページ

　各学校の3ページとは、[学校ブログ]、[行事予定]、[学校紹介]のページで、モジュールはそれぞれ学校の様子を手軽に更新できる【日誌】、行事予定を入力しておく【カレンダー】、学校所在地をGoogleMAPで埋め込んだ【お知らせ】を設置しています。更新を義務づけたのは[学校ブログ]のみで、毎月最低1回は更新するようにお願いしています。

　「ルーム」を活用しているため、各校の担当者は自分の学校のページ以外触れることができません。権限については各学校に「一般」と「主担」の2つのIDを配布しています。これは【日誌】の承認機能を利用しようとするときに必要だからです。

◆ NetCommons導入の成果

　トップページの【新着情報】が全ルームの更新情報を一目で教えてくれるので、学校間の情報共有の場となりました。それが、結果として、学校や町の教育に対する町民の理解や教職員の他校に対する理解につながっているように感じます。

　また、町教育委員会としては、備忘録、研修記録としても役立っています。主な研修についてまとめ、発信することで、毎年その時期に必要な研修を確認できると共に、教職員にとっては自分たちの研修の振り返りの場となっているようです。

　導入からまもなく一年。最近では、各学校の更新が活発になってきているとともに、記事の工夫も見られるようになりました。他校の取組に対する感想等もアップされるようになり、他市町村にはない、ウェブ上での実質的な連携が図られています。

　導入後約10ヶ月間でサイトへのアクセス数はトップページが9,558、各学校のトップページ（学校ブログ）に直接「お気に入り」登録をしている閲覧者も多く、各学校のトップページのアクセス数を合計すると57,854となりました。自動生成される携帯サイトで携帯電話からインターネット接続する保護者にも閲覧してもらえています。確実に閲覧者は増えていると感じています。

　大子町は小規模の学校が広い地域に点在しています。小学校は1学年1担任、中学校は1教科1担当という学校がほとんどで、校内にいながらの相談、研修は難しい状況にあります。さらに集まって研修と考えても、距離が立ちはだかります。それを埋める研修の場の構築を今後NetCommonsで実現させたいと思っています。

まとめの一言

NetCommonsの「ルーム」と「権限」設定で
1つのシステムで一気に丸ごと情報化を実現

第1章 一般公開用ウェブサイトとして使う

3 研究室と学会の大会時限ウェブサイトを1つのNetCommonsで

【お知らせ】【キャビネット】【掲示板】【登録フォーム】【日誌】

筑波大学大学院生命環境科学研究科生命産業科学専攻　URL http://nc.bsys.tsukuba.ac.jp/
日本水処理生物学会つくば大会　URL http://nc.bsys.tsukuba.ac.jp/jswtb_47_tsukuba/

▲図1.3.1：筑波大学生命環境科学研究科トップページ

　13の研究室を持つ筑波大学大学院生命環境科学研究科生命産業科学専攻[2]は平成21年にNetCommonsを導入しました。本サイトの特徴は2つあります。まず、研究者向けサイエンス2.0基盤サービスResearchmap（リサーチマップ）[3]と連携させていること、そして「ルーム」機能を活用して、まったく別組織の大会時限サイトを一時的に運営したことです。ともに、研究室や学会を運営する上でぜひ参考にしていただきたい活用法です。管理面では、NetCommonsを導入する際にResearchmapと連携させたことにより、17名の教員各自が自分のデータを更新できるようになり、SaaSを採用したことにより、サーバーやシステム管理にかかっていた時間と手間が不要となり、全体的にみてサイト管理者の負担が大幅に軽減しました。

2　平成22年4月現在。
3　ResearchmapはNetCommonsの開発元である国立情報学研究所が研究者向けに無償で提供しているウェブサービス。NetCommonsを基盤システムとして採用し、研究者ウェブサイト、講義・研究資料の配布、業績公開、業績管理、研究コミュニティ構築まで、研究者の情報発信をトータルに支援しています。平成23年秋から研究開発支援総合ディレクトリ(ReaD)との統合が決定しています。

▲図1.3.2：Researchmap APIを使用しているページ

◆ Researchmapとの連携

　本サイトでは［構成教員一覧］でResearchmapのAPIを活用しています。Researchmapとは研究者[4]のためのウェブサービスで、NetCommonsを基盤システムとしているため容易に連携できます。加えてResearchmapにはNetCommonsにはない機能が搭載されており、登録後は経歴・研究分野・研究キーワード・論文リスト・講演リストなどの数十、数百に及ぶ項目を手入力する必要なく研究の業績を一般公開できます。これはウェブ上で公開されている各種研究データベースとResearchmapが連携しているためで、研究者名と所属機関名を入力するだけで論文や著書、研究キーワードや分野などの情報を履歴書（CV：curriculum viateの略）に自動的に入力してくれます。Researchmapで研究成果を管理すれば、科学研究費など各種補助金の書類や評価データの提出のフォーマットづくりも簡単です。各研究者の最新情報はResearchmapを活用して個人で管理すれば、NetCommonsで構築した研究室や学会のウェブサイトに組み込むこともできます。このResearchmapには、IDを持つ研究者の履歴書をResearchmapから切り出し、別のウェブページで再利用することができるAPIがあります。

　教員によっては院生をResearchmapに登録し、授業で使う資料をパスワード付きで配布した

---

[4] 科学研究費研究者番号による自動登録、または既にResearchmapに登録している研究者からの招待、事務局への登録依頼の3通りの方法でResearchmapへ登録可能です。

り、研究ブログを更新したりと活用しているようです。

◆ 学会大会サイトにも最適なNetCommons

　NetCommonsには研究活動に欠かせない学会の大会運営のために必要な機能もすべて揃っています。例えば大会参加者の登録をウェブ上で受け付ける【登録フォーム】には自動集計機能が備わっており、登録内容はデータベースに格納され、CSV形式で何度でも出力することができます。参加者リストをメールからコピー&ペーストで作成する必要はもうありません。出力されたCSVファイルを修正するだけで完了です。

　本サイトに期間限定で作られた日本水処理生物学会第47回大会（つくば大会）では、NetCommonsの機能をフルに活用できました。従来はホームページ作成ソフトを使っての更新だったため、作業はソフトウェアをインストールした特定のパソコンに固定されていましたが、NetCommonsの場合、インターネットにつながったパソコンであれば、どの端末からでも、何度でも場所を問わず最新情報の追加、削除、修正が可能だったため、サイト公開後も詳細の変更に速やかに対応できました。また、【掲示板】【日誌】のメール配信の機能を使って、大会の実行委員や演者への一斉メール通知を行ったり、最新の協賛企業情報をスタッフ間で簡単に共有することができました。【キャビネット】は研究発表のプログラム編成作業や講演要旨集の原稿チェックを

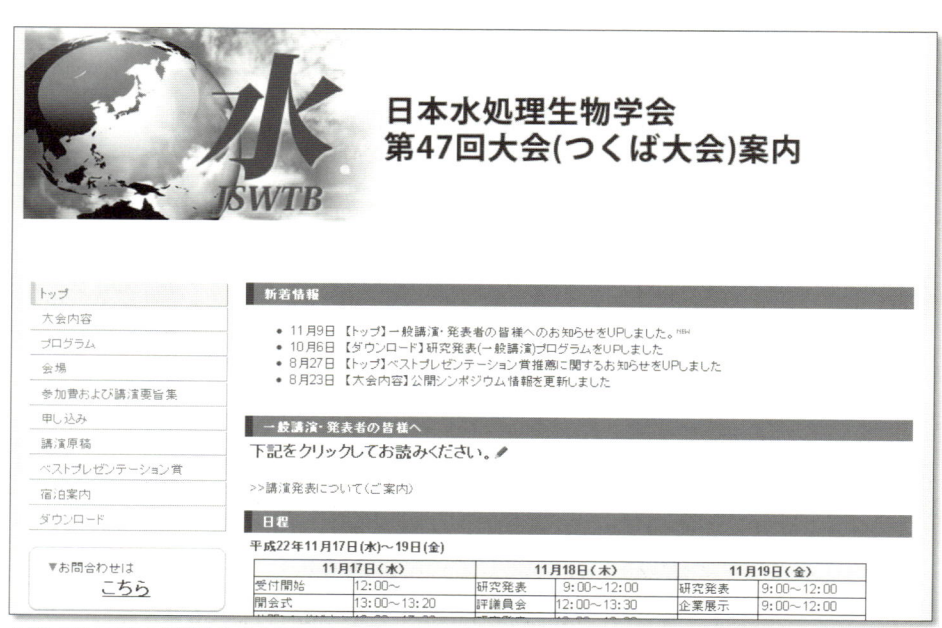

▲図1.3.3：日本水処理生物学会第47回大会トップページ

すすめるのに活用し、事務局の作業についてさまざまな負担軽減をはかることができました。

　専攻サイトのパブリックスペースに1つのルームを設置し、見かけ上は独立したサイトとして運営することができたため、大会サイトのサーバー費用がかからず、そのため大会運営費用のコストも削減することができました。

　また、従来の大会ではメールに添付ファイル（Word形式）という形での申し込みや、FAXでの申し込みからも参加者の受付を行っていましたが、今回はほとんどの参加者が大会サイトから【登録フォーム】で申し込みをしてきたため、自動集計され、エクスポートされたCSVファイルから参加者リストを容易に作成することができました。【登録フォーム】での申し込みは簡単だったため、参加者側からも好評でした。【登録フォーム】以外の申し込みも事務局サイドで【登録フォーム】に入力しました。

▲図1.3.4

> **まとめの一言**
> 時限サイトはNetCommonsの「ルーム」で。
> 見かけ上は独立サイトとして構築可能

第1章　一般公開用ウェブサイトとして使う

4 日々の業務がそのまま組織のデータベースに

【お知らせ】【日誌】【汎用データベース】

社団法人 日本教育工学振興会（JAPET）　URL http://www.japet.or.jp/

▲図1.4.1：トップページ

学校でのよりよい教育の実現に向けて教育の情報化を推進している社団法人 日本教育工学振興会（JAPET）は平成22年7月にNetCommonsでサイトをリニューアルしました。リニューアルにあたり検討したのは、「サーバーからコンテンツ管理システムまで、一貫したサービスを受けられること」と「将来にわたって使っていけること」。そこでSaaSで提供されているNetCommonsが浮上、国立情報学研究所が開発しているという信頼性やコストパフォーマンスの良さが決め手となりました。本サイトで特徴的なのは、モジュールの組み合わせによって様々な分野の膨大な情報を整理整頓し、管理している点。そして日常の業務をこなしながら、組織としてのデータベースを同時に構築できる仕組みが完成している点です。情報の交通整理をどう行えばよいのか参考になる事例といえるでしょう。

◆ モジュールの組み合わせで情報を整理する

　本サイトには、政府や会員企業、そして事務局からの各種新着情報が日々、続々と掲載されています。これらの多種多様で膨大な情報をどう提示すべきでしょうか。本サイトでは、最新情報をわかりやすく提示することで、閲覧者をスマートに誘導し、さらにその個々の記事が所定の場所に格納され、自動的にデータベース化される仕組みをモジュールの組み合わせによって実現しました。

　まずポイントは、多様な情報をテーマ別に格納できるよう、あらかじめ【日誌】または【汎用データベース】といったモジュールを1ページに1テーマごとに設置している点です。これは、たくさんある書類をテーマ別フォルダにどんどん分類しながら入れていくイメージと同じです。【日誌】や【汎用データベース】を活用すれば、膨大な記事を1つのモジュールに束ねて管理することができます。

　次に、更新した最新情報をわかりやすく閲覧者に提示するため、本サイトでは【お知らせ】で情報の整理を行っています。【お知らせ】と【日誌】または【汎用データベース】を組み合わせることで、サイトは基本的に下図のような構成をとりました。

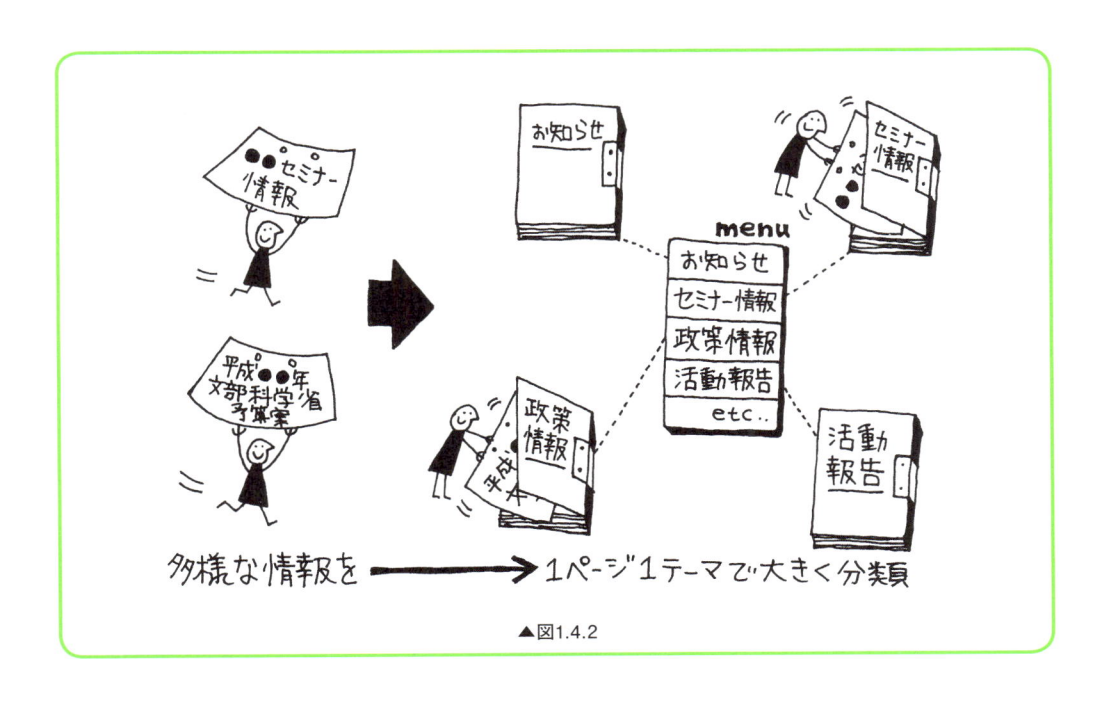

▲図1.4.2

第1章　一般公開用ウェブサイトとして使う

　【新着情報】を使わず、【お知らせ】を活用することで、どの件名をどのように表示させるのか柔軟に対応することができます。【お知らせ】であれば、例えばセミナー情報の告知をしている場合、申込状況についても一言コメントを加えることができます。【新着情報】は投稿と同時に自動的にリンク表示させることができますが、表示の内容や順番などは固定されてしまい、きめ細かく制御することができません。この方法のメリットを挙げると、以下のとおりです。

・新着情報として掲載する、しないの判断が個別にできる。
・新着情報としての掲載期間を個別に決められる。
・新着情報として表示するタイトルの文字数の制限を避けられる。

　なお、サイト全体の新着情報は【新着情報】を使っていますが、表示項目を減らしても文字数の上限は変わらないのでタイトルが途中までしか表示されないことが度々あります。

▲図1.4.3：一覧のページ

▲図1.4.4：個別情報のページ

◆ 【日誌】と【汎用データベース】があれば公開サイトは十分

　本サイトでは、できるだけ単純な構成にして、更新作業を簡単にし、頻度をあげるため、モジュールを限定して活用しています。公開ウェブサイトの構築に限れば、【日誌】と【汎用データベース】、後は【カウンタ】があれば十分でしょう。

　【汎用データベース】については記事の概要（一覧）と詳細の表示が自由に設定できる点、そして表示順序の指定ができる点が優れています。【日誌】については日付と時刻で表示順が確定されるので、自由にという訳ではありませんが、実用上は問題ありません。

　現在の更新体制は3名です。平成23年度から担当者が交代しましたが、日々の更新作業はすぐに行えるようになりました。

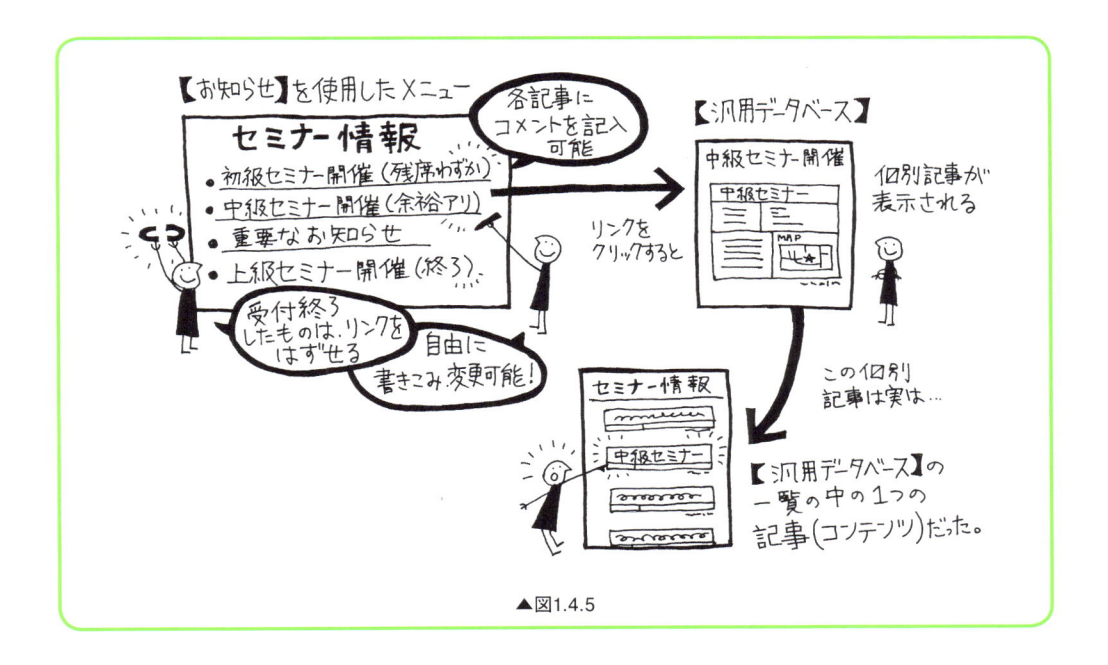

▲図1.4.5

まとめの一言

【お知らせ】×【日誌】、【お知らせ】×【汎用データベース】と
2つのモジュールで情報をスッキリわかりやすく

5　1ページに【メニュー】を2つ設置することで閲覧者を上手にナビゲート

【キャビネット】【メニュー】【日誌】

大崎上島町　URL http://www.town.osakikamijima.hiroshima.jp/

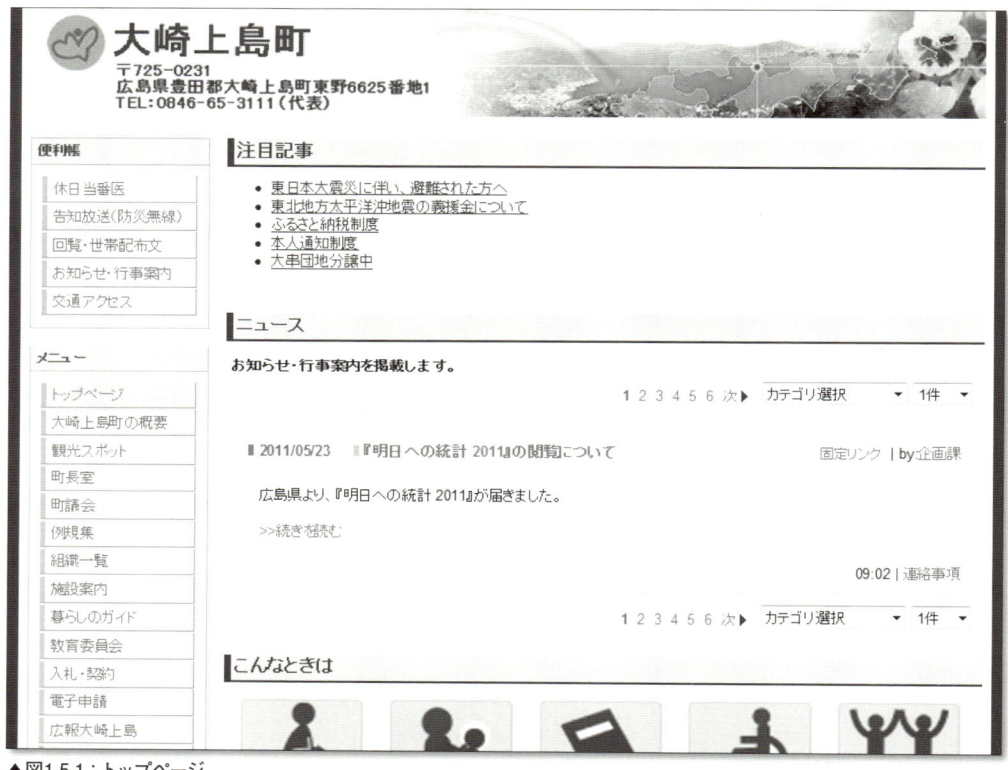

▲図1.5.1：トップページ

　大崎上島町は瀬戸内海の中央、芸予諸島に浮かぶ大崎上島と3つの有人島からなる人口9千人弱の町です。NetCommonsとの出会いは平成20年秋、導入の検討を始めたのが翌年の4月、そしてリニューアル完了が平成22年3月でした。広島商船高等専門学校との共同開発、導入作業から操作説明会までを全て学生に任せるというスタイルもユニークです。導入前は担当者が代わる度に専門的な技術を習得しなくてはならず、「更新頻度が一番高い4月に更新がままならない」という状況でした。現在では各課で記事を更新し、必要な情報をすばやく提供できるようになり、安心安全な情報発信を続けています。

◆ NetCommons導入の決め手

　広島商船高等専門学校と大崎上島町は、平成20年1月から相互の発展に資するための協定を結んでおり、NetCommonsの存在を町に教えてくれたのも同校でした。無料のCMSは数多くありますが、日本で作られ、公式サイトのFAQや掲示板の回答が、日本語で、しかも無料で公開されているところが大変魅力的でした。また、他の自治体、学校等で導入実績があったことも決め手となりました。

　平成21年3月、担当する学生が決定し、その学生を「業者」、町を「顧客」と見立てた「町の公式サイト共同開発事業」を開始しました。町の担当者は多少なりとも専門知識を持っていましたが、導入作業から操作説明会までを全て学生に任せることを前提として、情報技術者を育成する「教育の一環」として本事業を進めました。作業が始まってからトラブルが発生することもありましたが、町の担当者が先に問題解決の方法を見つけてもあえて教えず、学生を信頼して「自分の頭で考える」ことを最優先させたため、スケジュールに遅れが生じる場面もありました。しかし、学生がメキメキと実力をつけてくれ、最終的には町の担当者も作業を手伝って、予定どおり平成22年度内に完成・公開することができました。

◆ トップページには表示内容を変えた【メニュー】を2つ設置

　工夫した点は、旧サイトで住民に評価されていた［休日当番医］や［告知放送（防災無線）］などの「便利帳」のメニューと［大崎上島町の概要］や［観光スポット］など通常のメニューを共存させたところです。本来、メニューは1つの方が管理しやすいのですが、「便利帳」は住民視点でウェブサイトを利用する際の重要なナビゲーションとなります。この機能を残す方法を検討した結果、NetCommonsなら表示させる項目を変えた【メニュー】を1ページに2つ設置することができるため、難なく解決することができました。

　一方、NetCommonsは携帯サイトを自動生成してくれる便利な機能がありますが、この2つのメニューを携帯電話版とPC版両方できちんと表示されるようにするのが一番苦労したところです。携帯サイトの設定は［管理］から【携帯管理】という管理系モジュールで実施します。携帯サイトを構築する際にどのように表示されるのか確認するには、gooモバイルのサイトビューワというサイトがおすすめです。

▲図1.5.2：2つに分けて設置した【メニュー】

◆ 更新体制について

　導入後、更新を行う体制づくりを確立させるため、NetCommonsプログラム自体のカスタマイズは行わず、システムをほぼデフォルトで使用しました。また、統一感を持たせるために文字・数字等の入力規約を設け、更新担当者に指示しています。

　現在、全16課より最低1名を選出し、2ヶ月に1回ペースで会議を行っています。更新作業は、各課でIDとパスワードを共用して、複数名が行っています。導入前までは、イベント等の実際の担当者ではない電算担当者が入力を行っていたこともあり、誤字・脱字・内容自体の間違いが目立ちました。現在は各課に更新担当者がいることで、「情報発信は各課から責任をもって行う」という意識の向上がなされ、更新頻度は導入前より確実に上がりました。一番更新されるコンテンツに【日誌】を用いたことで、誰でもメールを書くくらいの手間と時間で現場からタイムリーに更新することができるようになり、効果があったと考えています。

▲図1.5.3：更新中の様子

大崎上島町

◆ NetCommons導入の成果

　高専と共同開発できたおかげで、人件費がかかりませんでした。また旧ウェブサイト用のサーバーを動作させつつ、インストール作業や動作検証を町の職員が時間を割かずともできたことが何よりのメリットといえます。学生も自信がついたと語ってくれました。

　導入にあたっては、他の数々の事例を見ながら研究、官公庁対象のウェブサイト作成研修等で「非常に良い例」として挙げられた国税庁のサイトのリンクの貼り方などを参考にしました。どのようにすれば音声読み上げブラウザで正しく読まれるかが気になった点でした。「見る人の立場に立った掲載方法」を考えられたことがとても良い経験となり、現在も更新作業に活かされています。

　導入後は、電話で問い合わせが来た時なども、パソコン利用者が相手の場合は「ウェブサイトに詳しい情報が掲載されています。見てくださいね」と案内することができるようになり、対応時間の削減につながりました。

　［便利帳］は主に住民向けです。フェリーが島外への唯一の交通手段であるため、［交通アクセス］のページは閲覧頻度が高いです。また、回覧・世帯配布文を【キャビネット】に格納しているページがあるのですが、全ファイル平均すると、5～6回はダウンロードされています。【キャビネット】は、一般公開スペースに設置すると誰もが自分のPCに必要なデータをダウンロードして閲覧できるところが大変便利です。【キャビネット】を使っているものではやはり広報紙がよく利用されており、月300～500回、多い時で1200回以上ダウンロードされています。

◀図1.5.4：大崎上島

まとめの一言
表示項目の違う【メニュー】を2つ設置してわかりやすく。【日誌】、【キャビネット】を使用して更新頻度を大幅にアップ！

第1章　一般公開用ウェブサイトとして使う

6 タイムリーな情報配信と会員専用コンテンツの提供を バランスよく運営するヒントが満載

【お知らせ】【キャビネット】【新着情報】【汎用データベース】

カブケイ・株式経済新聞　URL http://kabukei.net/

▲図1.6.1：トップページ

　株式経済新聞(カブケイ)は、低迷する株式・金融・経済にムーブメントを起こすため、証券アナリスト、評論家、記者、編集者、エコノミスト、デザイナー、経営者など12名によって立ち上げられた、ネット配信に特化した電子新聞です。サイト全体が新聞のようなデザインになっており、一見NetCommonsで構築されたようには見えませんが、収集した情報や分析結果を正確かつスピーディーに、そしてわかりやすく一般消費者や個人投資家に向けて発信するために、NetCommonsの特性をよくつかんで活用されています。【オンライン状況】を設置し、リアルタイムの会員数をアピールする手法も参考になります。

◆ 電子新聞をNetCommonsで

　本サイトの更新は毎週月曜日。各記者から届いた原稿に、適切な画像を貼り付けてPDF化し、最終的に全ページをまとめて、非表示ページに設置した【キャビネット】にアップし、公開ページから当該ファイルにリンクさせダウンロードしています。NetCommonsを採用した理由は、どこからでも情報発信やコンテンツ更新が可能で、一定レベルのセキュリティが確保されているCMSを検討した結果でした。正確な情報をスピーディーに発信するには、それぞれの記者がどこの場所からでも情報発信できると同時に、情報発信元として高いセキュリティを保てることが重要になります。NetCommonsは開発機関が国であり、安易な部外開発を許していない点が、他のオープンソースCMSにはない高い信頼性へと繋がっていると評価させていただきました。

　「紙」から「ネット（電子）」へ、この流れは今後も加速していくことでしょう。しかし、配信手段こそ変わっても新聞の果たす役割に変化はないと考え、サイト全般において「新聞」であることを強調しています。

◆ 動画配信の裏舞台

　本サイトオリジナル番組の「カブケイＴＶ」は【お知らせ】を活用しています。まずYouTubeに動画をアップしてから、NetCommonsのWYSIWYG[5]エディタのツールバー動画アイコンからYou Tubeの［共有：埋め込みコード］をコピー＆ペーストして表示させています。撮影はウェブカメラをパソコンのモニターの上部に取り付け、モニターに台本を表示させて行います。キャスターはカメラへ目線を向けながら、一人で番組を進行させます。通常、株式市場は午後3時に終了しますので、そこから1時間程度で一日の経済の動きを編集局常駐の記者でまとめて台本に落とし込み、その後、直ちに撮影し、午後4時半頃にはサイトアップを完了し公開しています。

▲図1.6.2：カブケイＴＶ

5　WYSIWYG（ウィズィウィグと読む）エディタとは、What You See is What You Getの略で、編集中の画面イメージがそのまま完成したウェブサイトに反映されるため、思った通りのイメージでページを作成することができます。

◆ 会員専用コンテンツ

　本サイトでは、【新規登録】を活用し、会員にIDを配布しています。2011年6月現在登録ユーザ数は3,000人を超えています。ログインすると会員専用コンテンツを閲覧できるようにしています。非公開コンテンツは以下のとおりです。

会員トップページ：　【新着情報】を活用し、すべての会員専用コンテンツの更新情報が一覧可能な構成となっています。【新着情報】は各コンテンツのヘッドラインを時系列で自動表示させるので、情報の適時性が高く便利です。

明日のポイント：　情報発信形態の統一を確保するため【汎用データベース】を活用しています。明日のポイントを解説するため、毎日の更新が必須です。日によって、あるいは記者によって発信形態が異なっていたのでは、日々の閲覧ユーザが戸惑ってしまいます。そのため、発信形態と内容の統一化を図るため、【汎用データベース】を用いて、日々の発信項目と内容を規格化しました。これにより記者相互間における情報レベルの均一化が可能となり、日々の更新情報も違和感無く行えるようになりました。

デイリーコラム：　【日誌】を活用し、コラム（読み物）として日々の更新を行っています。必要に応じて画像添付も可能なので、とても使いやすいと好評です。

一押し銘柄：　【汎用データベース】を用いて、毎週1回、頑張っている企業を紹介しています。

▲図1.6.3：会員専用トップページ

◆ バックナンバーの閲覧ページ

　バックナンバーの閲覧ページはすべて【お知らせ】を活用しています。必要に応じて「グループ化」を行い、体裁を整えています。「グループ化」は複数のモジュールをひとまとめにするのに役立ちます。また、非表示ページになっていますが、すべてのダウンロードリンクは、【キャビネット】に繋がっています。つまり、バックナンバーはすべて非表示ページに設置してあるキャビネット内に格納されているのです。こうすることで、公開ページには表示されませんが、各号のダウンロード状況がほぼリアルタイムで把握でき、新聞製作に役立ちます。

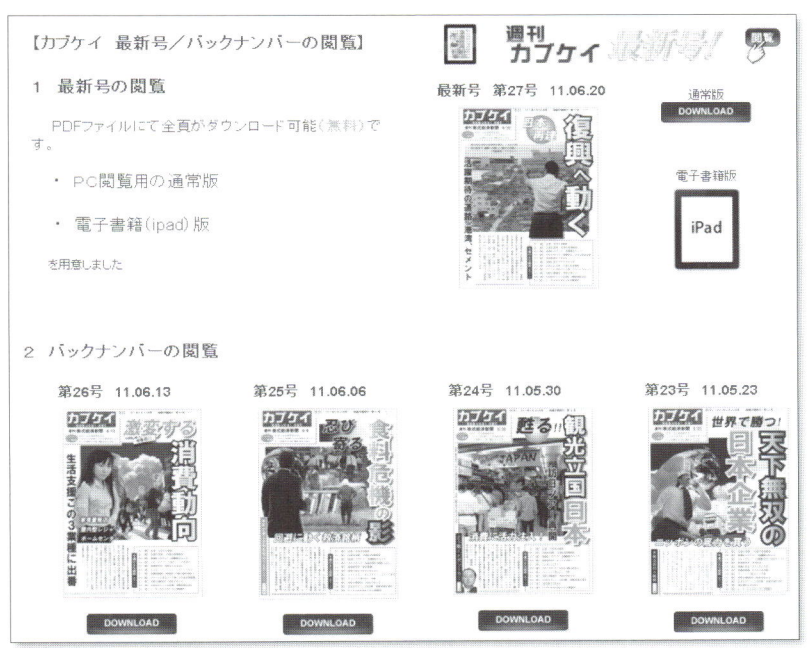

▲図1.6.4：【お知らせ】で作られたバックナンバーの一覧

> ■ **まとめの一言**
>
> 　　　即時性を活かしたサイト構築に
> 　【お知らせ】、【汎用データベース】が威力を発揮

第1章　一般公開用ウェブサイトとして使う

7 公開用サイトとメンバー専用サイトを同時構築

【iframe】【お知らせ】【フォトアルバム】

社団法人 島原青年会議所　URL http://www.shimabarajc.com/

▲図1.7.1：トップページ

　社団法人島原青年会議所は、島原半島在住の20歳から40歳までの青年で構成され、青少年育成事業・指導力開発事業・地域のまつり・ローカルマニフェスト推進事業等を行っている団体です。平成23年にNetCommonsを導入し、パブリックスペースとグループスペースの両方を活発に使っています。これまで活用していたCGIプログラムを【iframe】に組み込むことで、従来の操作に慣れていた会員にとってもスムーズな移行を実現しました。トップページには、【お知らせ】にバナー画像を横に並べたうえにリンクをはってメニュー代わりに使用したり、【フォトアルバム】を活用してフラッシュのように見せたりとさまざまな工夫が見られるサイトです。

社団法人 島原青年会議所

◆ きっかけと期待

　導入前のサイトは、CGIベースで、すべてのページが掲示板形式の簡易CMSのような作りでした。掲示板形式のページはメンバーで更新できましたが、それ以外のページの更新は会議所メンバーであるウェブ制作業者が請け負っていました。しかし、平成23年度途中、今まで契約していたサーバーのシステムが変更となり、対応を迫られていたところ、NetCommonsを実際に運営したことのあるメンバーから、他のCMSに比べて、格段に直感的な操作ができ、ITライトユーザのメンバーでも更新作業に携われるとすすめられました。今年のサイト担当者もできるだけ担当委員会内で更新・変更したいと考えたことからNetCommonsを導入することになりました。

◆【お知らせ】でメニュー、【フォトアルバム】でフラッシュ

　画面上部に設置している横型メニューはNetCommonsの【メニュー】を使わず、【お知らせ】に画像をアップロードし、サイト内リンクをはって、メニューとして使っています。同様の方法で右カラムや中心のバナーをクリックすると当該のページを表示するようにしています。こうすることで閲覧者を誘導したいメニューをより目立たせることができます。

　また、【フォトアルバム】にあらかじめサイズを統一し、文字を追加するなど加工した画像をアッ

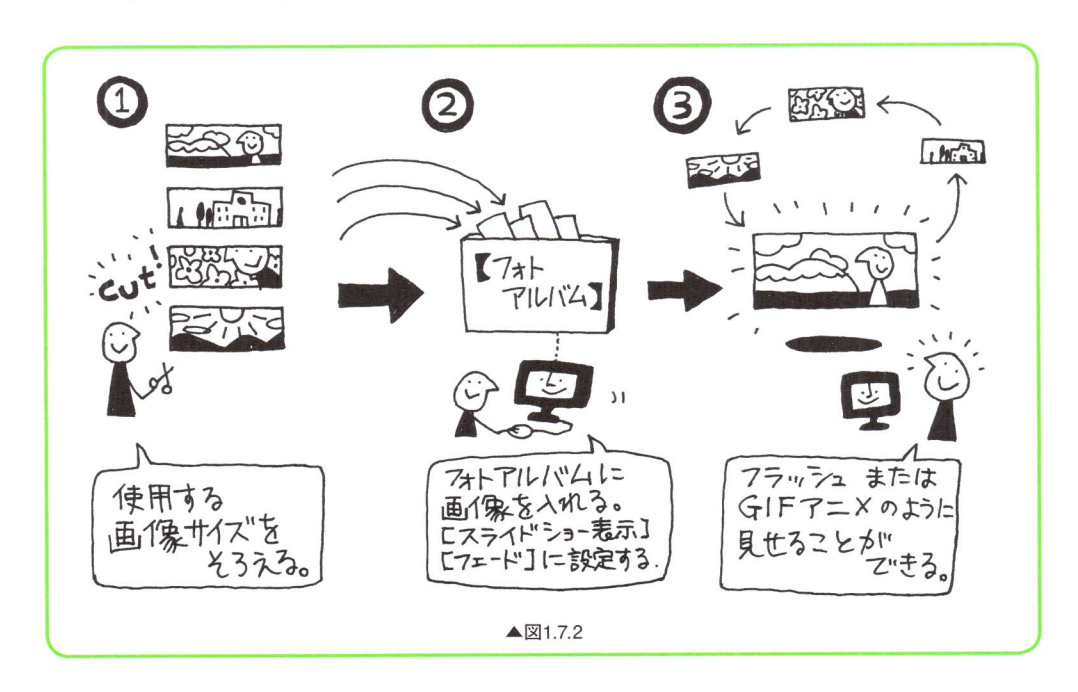

▲図1.7.2

プレしてスライドショーで表示させています。この時、「スライドの切替タイプ」を「フェード」に設定するとフラッシュのように見せることができます。ITの専門知識がない担当者でも、手軽に何度でも画像を追加変更することができます。

◆ 非公開スペースではCGIベースの掲示板を引き続き活用

　本サイトでは、一般公開用とメンバー限定の情報共有サイトを同時に運営しています。トップページの左カラムには、一目でメンバー限定の掲示板に書き込みがあったことがわかるようなブロックを設置していますが、これはNetCommonsのモジュールでサイトの非公開部分を見せているわけではありません。よく見かける無料掲示板を使い、投稿がある度に更新履歴が表示されるようにCGIをカスタマイズし、そのindex.htmlを【iframe】で表示させているのです。NetCommonsを導入する前は、すべてのページをCGIベースで作成していたため、どのページの掲示板が更新されても、更新履歴が一覧表示されるよう設定されていました。導入後、CGIの更新履歴はもう必要ないかと考えていたのですが、メンバー限定の掲示板だけは、以前から使用しているものの方が使い慣れていることから、廃止せずに使うことになりました。

　この非公開エリアにおける更新履歴の表示は、メンバーのアクセス向上を図ることにつながっており、また活発にサイトが動いているとの印象を与えることができます。

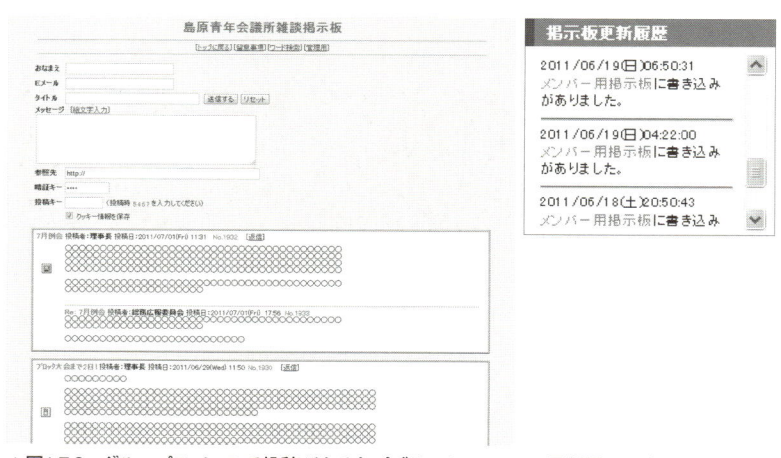

▲図1.7.3：グループスペースで投稿があるとパブリックスペースに更新履歴が表示される

社団法人 島原青年会議所

◆ NetCommons導入の成果

　現在サイトは総務広報委員会9名で更新を行っています。NetCommonsを導入したことで、簡易掲示板形式のページ以外のページも担当委員会で更新・変更ができるようになり、その時のニーズにあったトップページをタイムリーに制作可能となりました。また、事業の告知も変更しやすくなり、更新回数も増えました。サイトの変更が携帯サイトへ即座に反映されるため、以前は別サイトで制作していた携帯サイトも別途作成する必要がなくなりました。

　以前のサイトにもカレンダーはありましたが、NetCommonsの【カレンダー】のように表示を切り替えられたり、拡大表示で一度に内容を確認できたり、WYSIWYGエディタで地図等も表示させることができるところがとても便利だと感じています。

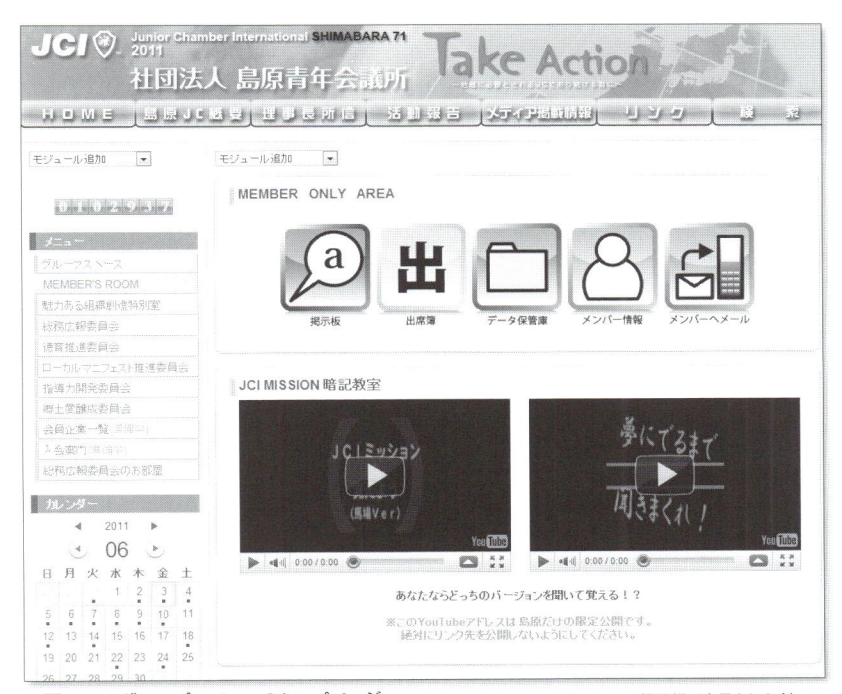

▲図1.7.4：グループスペースのトップページ（掲示板アイコンをクリックするとCGI掲示板が表示されます）

■ まとめの一言
旧サイトのHTMLや別システムのNetCommonsへの取り込みは【iframe】を活用

33

第2章 グループウェア（非公開会員制サイト）として使う

本章では「グループスペース」を使ってグループウェアとして、あるいは非公開の会員制サイトとしての運用事例をご紹介します。もちろんイントラネット[6]環境でパブリックスペースを活用することも可能です。

1 グループウェアで校務をもっと効率的に

【回覧板】【施設予約】

山形県教育センター　URL http://www.yamagata-c.ed.jp/

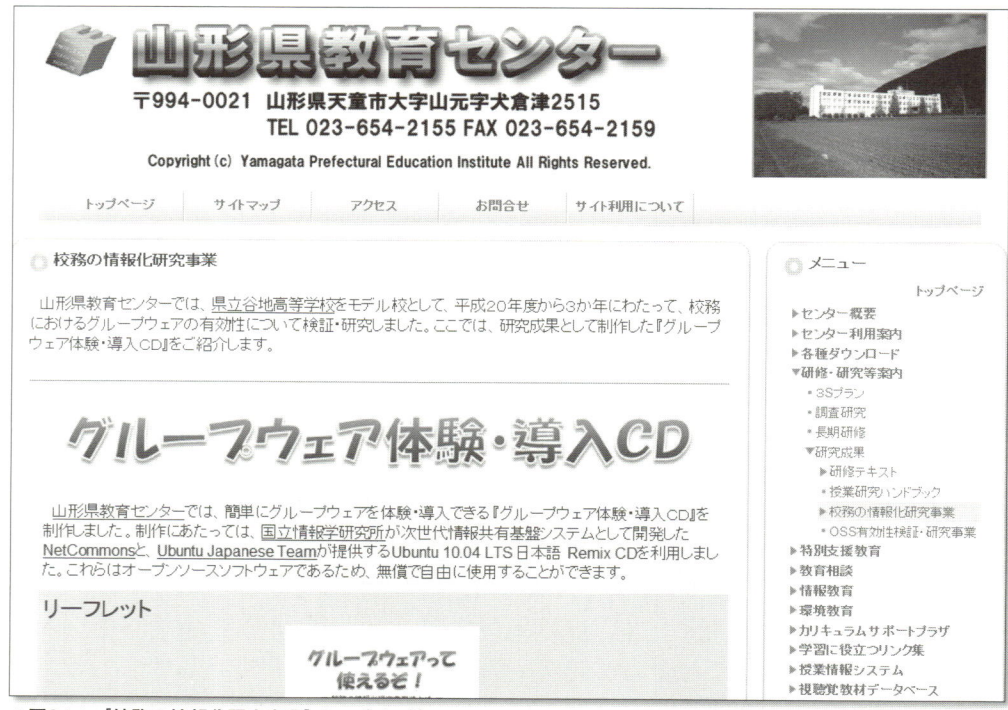

▲図2.1.1：[校務の情報化研究事業] トップページ

6　イントラネット：intranet。インターネットの技術（TCP/IPプロトコルなど）を用いて構築された企業（組織）内ネットワークのこと。外部に公開されていないネットワーク（LAN）をイントラネットと呼称する場合もあります。

山形県教育センターでは、平成20年度から3ヶ年にわたってNetCommonsを活用した校務におけるグループウェアの有効性について検証・研究してきました。NetCommonsを採用した理由は、1) オープンソースソフトウェアであり、無償で自由に使用することができる　2) 厳しいセキュリティ基準に合格し、安心して使用することができる　3) 多くの自治体や教育機関で使用され、今後も継続したサポートが期待できる　4) 操作が簡単で直感的に操作できるため、スムーズに導入できる、という4点です。ここでは、研究成果をまとめた『グループウェア体験・導入CD』で紹介されているモジュールについて解説し、特に【施設予約】と平成23年夏リリースの【回覧板】について詳しくご紹介していきます。

◆ 7つの機能（モジュール）をセレクト

　山形県教育センターで制作した『グループウェア体験・導入CD』は校内LAN[7]とサーバー機（パソコン）の準備ができていれば、NetCommonsが動作するよう環境を構築し、グループウェアとして機能するようあらかじめ設計したものです。

　ここではそのグループウェア用NetCommonsサイトについてご紹介していきます。【メニュー】に表示されるページの名称は、モジュール名をそのまま設定しています。初めてグループウェアを使う場合、まだ慣れていない利用者が多いため、機能そのものの名称をページにつけることはわかりやすくて良い方法です。グループウェアとして選択した機能は、【カレンダー】のスケジュール・週表示、【回覧板】、【掲示板】、【施設予約】、【キャビネット】、【アンケート】、【リンクリスト】の7つのモジュールです。各ページにそれぞれのモジュールが1つ設置されているシンプルな形です。

◆【回覧板】の活用法

　【回覧板】は平成23年下期にリリースされるバージョンに追加される新しい公式モジュールです。これまでもメール配信を使って複数の人に一斉に周知することはできましたが、内容を確認してもらえたかどうかの確認がとれませんでした。この【回覧板】を使えば指定したユーザ（回覧先）宛に回覧を作成することができます。また回覧が作成されたことをメールで通知することも可能です。メールには回覧のURLが記載されているため、クリックしてログインすれば、当該の【回覧板】にすぐたどり着けます。回覧が作成された直後は回覧先ユーザの回覧状況は［未読］の状

7　LAN：Local Area Network（ローカルエリアネットワーク）。同じ建物の中にあるコンピュータや通信機器、プリンタなどを接続し、データをやり取りするネットワークのこと。ケーブルで繋いだものを「有線LAN」、電波を利用したものを「無線LAN」と呼びます。

態ですが、「確認しました」などのコメントをつけると、回覧状況は［既読］となります。既読にするタイミングは設定で変更することも可能です。【回覧板】を使うことで、情報をさらに短時間で確実に伝達できます。

　山形県教育センターでは、教育委員会などから学校への通知がPDFで送られる機会が増えたことをきっかけにグループウェアの研究をスタートしました。従来こうしたPDFが学校に届くと、教頭がPDFを印刷して全教員に配布したり、一枚を印刷して回覧したりしていましたが、紙代がかかったり、途中で止まったりするリスクがあります。現在、教員1人1台のPCが支給され、職員室にネットワークが整備されましたが、電子メールは付与されていないケースがほとんどです。そこで、グループウェアならば、1台のサーバー機を準備すれば、情報伝達が短時間で確実に行われると考えたのです。

　【回覧板】を使うことで、ペーパーレスで効率のよい情報伝達が可能になりました。また教頭をはじめ教職員の校務の効率化が図られました。

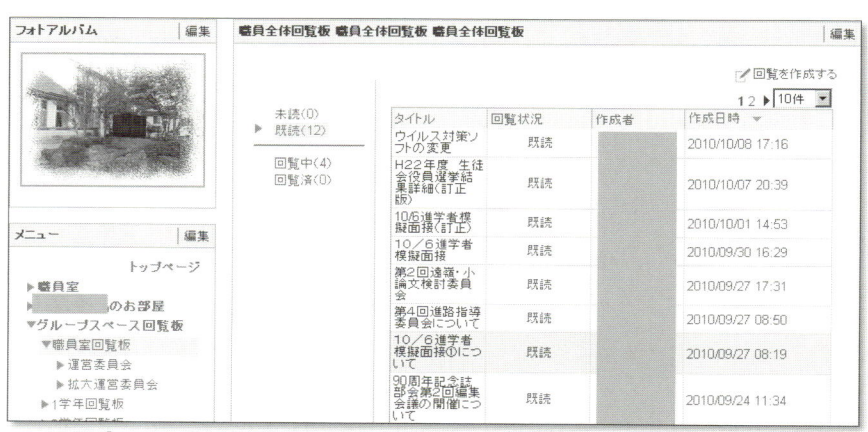

▲図2.1.2：【回覧板】の活用

◆【施設予約】で席にいながらにして一目で確認

　体育館やグラウンド、会議室などの施設予約や、プロジェクター、電子黒板などの備品予約に役立てているのが【施設予約】です。施設については、休日や夜間に社会教育の観点から地域の方々に貸し出すことも多いのですが、週・月単位の状況を簡単に把握することもでき、予約の重複を防いでいます。また自分の席にいながら空き状況を一目で把握できるため、部活や授業計画を立てる際、大変便利です。

　教員は誰もが書き込めるように設定してあり、基本的には早い者勝ちとなります。予約順位がはっきりし使用日時もわかりやすいので、これまでの黒板利用より使いやすくなりました。

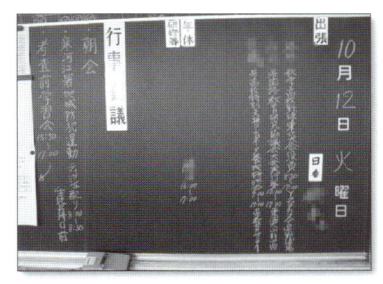

▲図2.1.3：
NetCommons導入前に活用していた黒板

▲図2.1.4：黒板に代わって活躍している【カレンダー】

◆ NetCommons導入の成果

導入後のアンケートでは、以下のような感想が出されました。

- 連絡業務全般が楽になった。特に提出を必要とする書類などは、いちいち探さなくとも、PC上でのやりとりで可能となった点が大きい。
- 紙の印刷が激減した。多少ながら資料のスリム化は図られたように思う。また連絡は紙媒体でない方が、スムーズになり、周知徹底されるようになった。
- 自分の席にいながら様々な情報が得られるとき効率があがったと感じる。
- 出張・年休、施設予約、月歴・行事の確認が容易になった。
- 回覧板は、情報の共有に効果が大きいと感じる。連絡、報告、確認が楽になった。

さらに、集計の結果、グループウェアについて86％の教員が「利用頻度が増えた」と回答し、「以前と変わらない」の14％を含めると100％の利用率となり、校務にグループウェアが定着したことがうかがえます。また、63％の教員が「校務が効率的になった」と回答しています。

山形県教育センターでは、今後ますます教育現場がNetCommonsを活用することで、効率よく業務を進め、児童生徒とのかかわり（コミュニケーション）や、きめ細やかな教育活動を推進してほしいと願っています。

■ **まとめの一言**

【回覧板】で閲覧相手先を指定し、さらに開封状況も確認できる。緊急かつ重要な情報共有に有効

2 関係各所への文書配信を正確かつ低コストに

【お知らせ】【新着情報】【日誌】【汎用データベース】

徳島県立総合教育センター公式サイト　URL http://www.tokushima-ec.ed.jp/

▲図2.2.1：ログイン前のトップページ

　研修用の20サイトを含め非公開で26ものNetCommonsサイトを立ち上げ、それぞれの目的ごとに使いこなしている徳島県立総合教育センター。市町村教育委員会との双方向文書配信用や複数学校をまたがったアンケート調査などにも利用されています。使い始めたのは平成20年からとのこと。きっかけは同年3月に開催されたEスクエア・エボリューション成果発表会でした。すぐに同年8月のNetCommons全国利用者大会「ユーザカンファレンス」にも参加、NetCommons2.0が公開後、センター内のテストサーバーにインストールして試用するに至りました。ここでは、数あるNetCommonsサイトの中から「外部ポータルサイト」と呼ばれている、センターと市町村教育委員会との双方向文書配信サイトについてご紹介していきます。なお、このサイトはセキュリティを確保するために、サイト全体をSSL[8]通信（HTTPSプロトコル）で保護しています。

8　SSL：Secure Socket Layer
　インターネット上でデータを暗号化して送受信する通信手順のこと。クレジットカード番号や個人情報を扱うウェブサイトでは、通信途中での傍受やなりすましによる情報漏洩を防ぐ目的で、SSLを利用しています。

徳島県立総合教育センター公式サイト

◆ 市町村教育委員会との双方向文書配信用「外部ポータルサイト」メニュー構成

　センターと市町村教育委員会との文書配信システムとして使っているNetCommonsサイトは、【汎用データベース】と【お知らせ】、【日誌】を中心としたページ構成となっています。メニュー構成は口絵をご参照ください。

　徳島県では、総合教育センターから全市町村教育委員会に共通して依頼・通知する文書は全市町村教育委員会ルーム内の［全市町村教育委員会用受信箱］に格納します。特定の市町村教育委員会に送信したい文書は各市町村教育委員会別に作ったルーム（例として、あせび市教育委員会）のあせび市教育委員会用受信箱に格納します。いずれも各市町村IDでログイン後、最新の情報だけが目に入るように【新着情報】を使って情報更新されたコンテンツへのリンクを掲載しています。

　［このサイトについて］のページでは、サイトに関する説明やマニュアル等のファイルの掲載など、さまざまな情報を随時掲載しています。通常【お知らせ】で掲載しても良い内容ですが、更新があるたびに【新着情報】に反映させたいと考えていました。【お知らせ】を【新着情報】で表示した場合、一度設置した【お知らせ】の内容は再度内容を更新しても【新着情報】には反映されません。そこで【日誌】で構築しました。

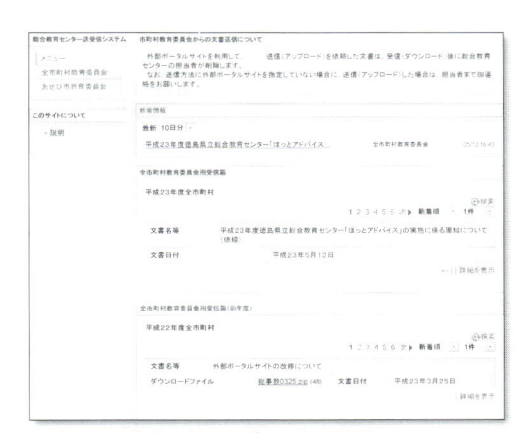

▲図2.2.2：各市町村のログイン後の画面

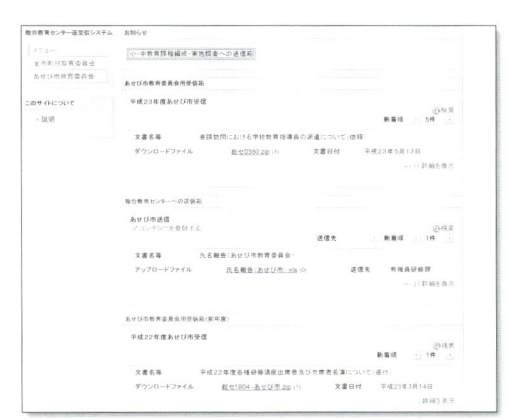

▲図2.2.3：【汎用データベース】を活用した総合教育センターへの送信箱

◆ 文書のアップロードとダウンロード権限をきめ細かく設定する

　総合教育センターの指導主事には「モデレータ」権限を付与し、市町村教育委員会への送信箱にファイルを【汎用データベース】にアップロードできるようにしています。

　市町村教育委員会には、「ゲスト」と「一般」の2つのアカウントを発行しています。「一般」アカウントは、センターへの文書送信箱にファイルのアップロードができますが、「ゲスト」はセンターから配信した文書のダウンロードのみができるように設定しています。

　また、重要文書は期間限定で総合教育センターに送信してもらうため、各市町村教育委員会ルームのトップには、目立つように【お知らせ】で［重要文書］（隠し「サブグループ」）へのリンクを張っています。［重要文書］を「サブグループ」にした理由ですが、市町村教育委員会のアカウントと特定の指導主事に発行されたアカウントに限定して閲覧許可を付与し、［重要文書送信箱］のファイルをダウンロードできる人を限定したかったからです。「サブグループ」なら、「ルーム」の登録会員の中から別途参加させる会員を選択でき、「サブグループ」内での権限も「ルーム」とは別に設定できます。

　さらに、この「サブグループ」の［重要文書送信箱］にファイルがアップロードされると、担当者宛にメール配信されるようにしています。多くの市町村教育委員会からいつアップロードされるか不明な状態になるため、このような設定にしています。

　重要文書の送信期間が終了すると、各市町村教育委員会ルームのトップに設置した重要文書（隠し「サブグループ」）へのリンクを掲載した【お知らせ】だけを削除します。

▲図2.2.4：総合教育センターへの送信箱の【汎用データベース】編集画面

◆ NetCommons導入の成果

　【汎用データベース】ではダウンロード数の表示設定が可能であるため、相手がダウンロードしたかどうかをある程度確認することができます。「ある程度」というのは各市町村教育委員会だけでなく、センターの指導主事がダウンロードしてもカウントアップされてしまうためです。

　また、【会員管理】で各会員の最終ログイン日時が分かるため、各市町村教育委員会が最近いつ文書箱を開いてもらったかについてもある程度把握できます。

　特に効果があったのは、直接サイトにログインし、【汎用データベース】からファイルをダウンロードするというフローそのものです。ファイルをメールに添付していた時には、相手先のメールボックスが容量超過するなどの理由で、相手が受け取れないということが、年度当初には何度も発生していました。またファイルが文字化けしている、添付を忘れている、ファイルが開けないなどのトラブルも防ぐことができるようになりました。これらのエラーは電話による問い合わせ対応や再送信など、大きな負担でしたが、現在は一切なくなりました。

　この形に慣れて、毎日定時に文書ボックスを見に行くという行為がルーティンワーク化すれば、ペーパーでやっていたことと同じ感覚で業務が進むのではないかと期待しています。

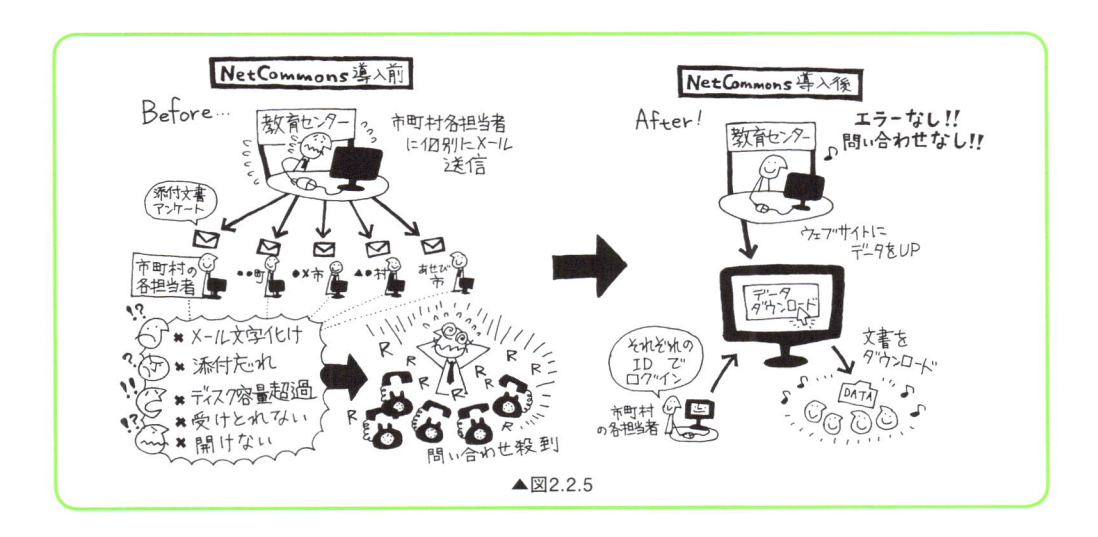

▲図2.2.5

■ まとめの一言
文書配信は「メールに添付」から
「NetCommonsからの直接ダウンロード」で効率UP

第2章 グループウェア（非公開会員制サイト）として使う

3 カレンダーで部署ごとの動静を一覧表示

【カレンダー】【掲示板】【施設予約】

埼玉県立総合教育センター　URL http://www.center.spec.ed.jp/

▲図2.3.1：ログイン直後の画面

　埼玉県立総合教育センターの所轄市町村数は実に63市町村、学校数は1260校と全国の約30分の1を占めています。平成21年7月にNetCommonsをシステムの基盤として構築した研修サポートシステムを導入して以来、公開サイト用、研修用、グループウェア用と多面的な運用を進め、現在では279のNetCommonsサイトを活用。調査研究事業では、県下の小中高等学校に対してサイトを提供し、NetCommons活用に関する実践研究と検証を実施しています。ここでは、所員用グループウェアを取り上げ、本センターがどのように活用しているかご紹介します。所員の動静確認に活用している【カレンダー】はサブグループの設定がポイント。100名近いセンター所員の行動予定がグループごとに整然と表示され、動静管理が大変しやすくなっています。

▲図2.3.2：所員専用サイトトップページ

◆ 100名近い所員の動静を【カレンダー】で把握

　本センターでは、NetCommonsをグループウェアとして所員の動静確認に利用する場合、所員一人ひとりの予定をグループごとに確認できるようにしなければ運用が難しいと考え、3ヶ月以上の試行期間を経て、【カレンダー】の機能を工夫することで本格的な運用を開始できました。所属の名称を利用してルームを作成し、下層構造としてサブグループの名称には所属メンバーの名前をつけて作成してみたところ、思い描いたような動静確認の画面表示ができることに気がつきました。

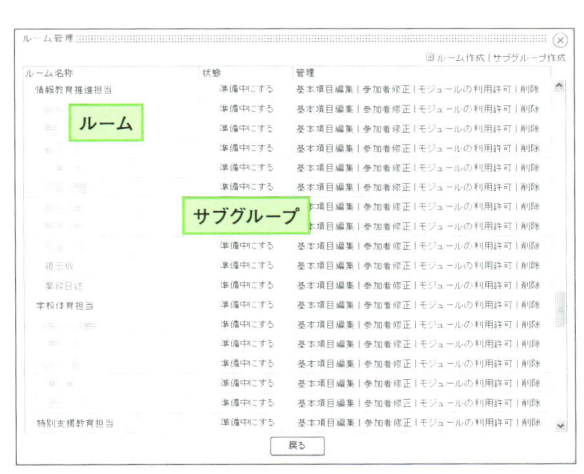

▲図2.3.3：【ルーム管理】で「サブグループ」を設置する

第2章　グループウェア（非公開会員制サイト）として使う

◆【カレンダー】と＜サブグループ＞設定を組み合わせる

　ルームとサブグループの機能を活用する以前は、センター所員のすべてのメンバーの動静が同じカテゴリのなかで同様に表示されてしまい、確認したいと思うメンバーの動静を見ようと思っても煩雑で見づらく、スクロールして探すといった状況でした。

　サブグループに所員をカテゴライズすることで、所属ごとの動静をグループ単位で確認できるようになり、利用も促進されるようになりました。所員は自分の所属のメンバーの動静だけでなく、他の担当の動静も確認できますが、入力は自分の動静と所属の予定のみできるように設定しています。複数の担当部署があり、それぞれ多くの所員が所属している組織で、動静管理が必要な場合、この活用方法はとても有効です。

　ただし、【カレンダー】を用いてルーム・サブグループで動静管理した場合、携帯電話から本日の所員全体の動静を確認しようとすると、スクロールが縦長になることと、誰がその予定を入力したかを確認したい場合、タイトルをクリックして詳細を表示させないとわかりません。そのため動静を確認する場合、パソコンの画面から利用するようにしています。

　【カレンダー】のメリットは、公開対象を指定することによって様々な利用が可能となることです。たとえば、公開対象を所属にすると所属の予定になります。個人の動静はもちろんですが、出張する所員の把握や当日のセンターの行事の案内などを知ることができます。【カレンダー】には同センター建物入り口に毎日表示している「インフォメーション」の原稿を必ず表示するようにしています。

▲図2.3.4：職員全員の動静が分かる【カレンダー】

「所属しているルーム」と「自分の名前のついたサブグループ」および「自分自身」のみ選択できる。全ルームおよび全サブグループが公開対象のプルダウンメニューに表示されてしまうが、選択できるルームを権限で管理することで、選択する際にはわかりやすくなる。

※最新バージョンでは、投稿できるところだけが表示される。

◆ 本センターのグループウェアのメニュー構成

- 本日のスケジュール表示（全体）………………【カレンダー】
- 動静管理（所属）………………………………【カレンダー】
  ※自分の所属のメンバーの動静だけでなく、他の担当の動静も確認できる。所員各自の入力内容は自分の動静と所属の予定のみに制限している。
- 業務日誌（全体・所属）………………………【日誌】
- 連絡用掲示板（全体・所属・各種委員会）……【掲示板】
- 仕事の進捗管理（所属：一部）…………………【ToDo】
- 施設管理（全体）………………………………【施設予約】
- 文書共有（全体・所属・各種委員会）…………【キャビネット】
- スケジュール調整（所属）……………………【スケジューラー】

　【施設予約】で施設の予約と備品の利用予約を受け付けています。利用予約できる施設は47部屋、利用予約できる備品は193にのぼります。年度末に次年度の予約状況を一括で入力し、年度が変わってからは空き状況を見て入力する形で運用しています。

　また【掲示板】では、業務日誌や連絡事項をほぼ毎日配信するなど多用しています。NetCommonsをグループウェアとして活用することで所内情報の共有および緊急連絡など非常に効率的な情報共有基盤が構築できたと評価しています。

■ まとめの一言
【カレンダー】表示のカテゴライズは
サブグループ設定と公開対象でコントロール

4 速やかな情報共有で共同執筆プロジェクトが2ヶ月で完了

【お知らせ】【カレンダー】【キャビネット】【掲示板】

特定非営利活動法人 コモンズネット　URL http://www.commonsnet.org/

▲図2.4.1：トップページ

　公式マニュアル『わたしにもできちゃった！NetCommonsで本格ウェブサイト』は特定非営利活動法人コモンズネットのメンバー6人で執筆されました。当時、コモンズネットのグループスペースには、出版に向けて「マニュアル本製作」ルームが新たに執筆作業をサポートする目的で設置されました。本書は共同執筆者に加え、編集者、DTPを担当するデザイナーと速やかな情報共有が必要となるメンバー11名がルームに登録され、結果、初会合から原稿アップまでの65日間に【掲示板】では602件のやりとり、【キャビネット】には123件のファイルがアップされ、1冊の書籍が生み出されるまでに活発な情報共有が行われました。その秘訣をご紹介していきましょう。

◆ ルームのメニュー構成

ルームは下記の5ページで構成しました。

- 情報共有掲示板………【掲示板】

  進捗情報を報告、また執筆内容について相談し、意見交換ができる【掲示板】を設置。さらにメール配信を設定して、投稿と同時にルームの全メンバーにメールで記事が届き、すぐに確認できるようにしました。

- 目次………【お知らせ】

  目次は執筆が進むにつれ、見出しの変更や統一表現などにより変更が発生するものです。頻繁には変更がないものの、きわめて重要な確認事項であったため、最新情報のみをすぐに閲覧できるように【お知らせ】に掲載しました。

- 執筆時の注意点………【お知らせ】

  「『わかる』と表記し、『分かる』は不可」など、表現についての統一事項を掲載しました。これは6名で担当部分を執筆していったため、最終的にはコーディネータが全章をリライトすることになっていたのですが、なるべくその負担を減らそうと、あらかじめ統一しておける用語については情報共有しておくことになりました。

- カレンダー………【カレンダー】

  もちろん締切りや打ち合わせの日程を入力しました。

- キャビネット………【キャビネット】

  ［素材］や［口絵・カラーページ］、［最終原稿］、［追加・修正原稿］などフォルダをつくり、ファイルを共有するのに使用しました。

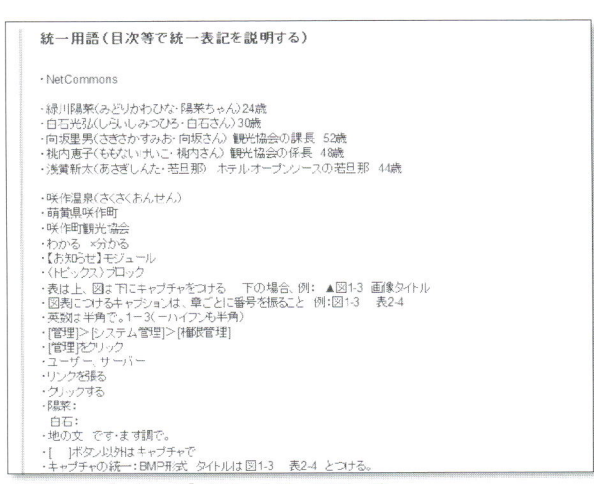

▲図2.4.2：【お知らせ】を使った統一用語一覧

◆【掲示板】の活用法

▲図2.4.3：【掲示板】による情報共有

【掲示板】はウェブ上で意見交換をするための「場」です。実際に対面して会話するのと同様、自由にそれぞれの投稿を積み重ねていくことができる大変便利な機能です。

しかし、グループウェアで【掲示板】を使う場合、その「場」が活発に活用されるかどうかをはっきりと分ける運用のコツがあります。

それは、誰が参加しているのかをメンバーにわかりやすく伝える、ということ、そしてこの掲示板では何を話し合うべきなのかを明確に決めてメンバーに提示する、ということの2点です。「そんなことは当たり前」と思われるかもしれませんが、活発な意見交換ができていない掲示板は、参加者の目線に立ってみるとすぐにわかります。やはりこの2点が意外にもできていないことが多いのです。

本事例のように少人数で、あらかじめ誰が参加しているのかお互いにわかっていて、すでに顔見知りであり、なにより目的が明確である場合には非常に活発に活用されます。締切りがあるとさらに有効です。しかし通常のコミュニティサイトの場合、どこの誰が参加しているのか実際のところよくわからないということがあります。もちろん同じ組織やコミュニティのメンバーである、ということはわかっています。が、自分の上司や後輩なども参加しているのかどうか、気になるものです。

例えば掲示板が若手職員の「悩み相談」を受け付け、解決してあげよう、というものだったとしても、もし上司や後輩が参加しているとしたら、うっかり「こんな悩みがある」と投稿して呆れられたり、こんなこともわからないのかと馬鹿にされたりしたらかえって困るからなのです。投稿しない理由があると、誰も投稿しない掲示板になってしまいます。

上記の例で言えば、「悩み」と一言でいってもいろいろあります。こんな時、漠然としたテーマで投稿させるのではなく、「この掲示板では◎◎についての悩み」とか「ITについての疑問」を投稿してください、とナビゲートすることが必要です。また、なぜわざわざウェブ上で情報共有をしなくてはいけないのか、その理由をきちんと説明すべきです。言い換えれば何が目指す

べき「ゴール」なのか、参加しているメンバー全員がその目的を理解し、納得していれば自然と掲示板は活性化します。

◆ NetCommons導入の成果

公式マニュアルの出版元である編集者によると、本の刊行が遅れる最大の原因の1つは、締切を過ぎても原稿が揃わないことだそうです。執筆者が複数いる場合は特に遅れやすく、人数が多ければ多いほど情報共有がうまくいかなくなることが多いとのことです。通常、6名もの執筆者がいる場合、内容の細部を詰めていくには執筆者間での打合せが何度も必要になるのですが、本書にはそもそも約2か月後に完成させるという厳しい時間的制約があり、遅らせずに作ることは最初からむずかしい状態だったのです。

そんな状況の中、【掲示板】は欠かせない存在となりました。各担当の執筆者は、【掲示板】で他の執筆者の原稿の内容や進捗状況をつねに確かめながら作業を進めることができました。気になる点はその場で指摘ができたため、ありがちな「直し忘れ」や「対応漏れ」の防止にもつながりました。このことで本書の質は大きく向上し、編集側にとっても、原稿の進捗状況を常時、把握することができて、先手先手の対応ができたといえます。

専門用語や用字用語（「分かる」と「わかる」の使い分けなど）の統一作業には特に威力を発揮しました。執筆者が多い本書では、各種用語が不統一になる点が懸念材料だったのですが、その時々の最新版の原稿における用語の使われ方が、執筆時の注意点【お知らせ】の内容に従っているかを編集側でつねに確認することができ、新たな不統一用語の洗い出しにも貢献しました。

本プロジェクトの「ゴール」は、NetCommonsユーザカンファレンスで本書を先行販売することでした。メンバー全員が同じ【カレンダー】を見ながらスケジュールを確認していたため、統一見解として締切を強く意識できたのだと思います。

NetCommonsは、プロジェクトの重要事項である、「自分の持ち場の作業の進捗状況」、「全体にかかわる部分の作業の進捗状況」、「締切」を各自が把握・管理するのにとても適しています。また、それらを集約された形で見ることができるため、本書制作の場合も、メンバー全員がプロジェクト全体を意識しながら作業を進めることができたのではないでしょうか。

> **まとめの一言**
> プロジェクト始動と同時にルーム新設。
> 【掲示板】、【キャビネット】、【カレンダー】があればすぐ完了

5 在宅ワーカー35人がウェブで情報共有

【掲示板】【お知らせ】【キャビネット】【カレンダー】

株式会社エデュケーションデザインラボ（EDL）　URL http://www.edl.co.jp/

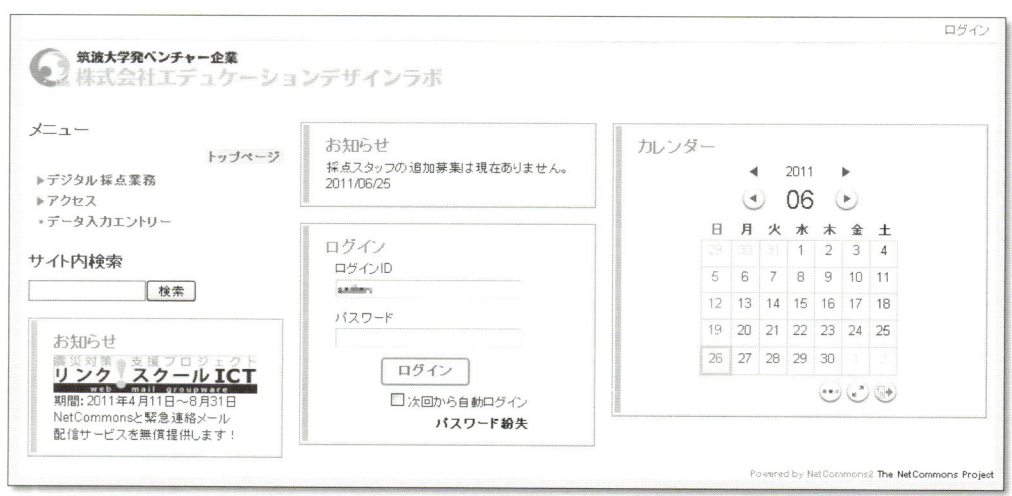

▲図2.5.1：トップページ

　株式会社エデュケーションデザインラボ（EDL）はNetCommonsの導入支援、環境提供事業の他に、在宅ワーカー35人と連携して小中学生の業者テストのデジタル採点請負事業を行っています。在宅で仕事をするスタッフへの連絡や二次採点の依頼にNetCommonsは欠かせない情報共有基盤システムとなっています。パブリックスペースには在宅ワーカーを追加募集する際の募集要項、応募ページ、会社の地図といった3ページのみが掲載されていますが、ログインすると、「グループスペース」には15のルームが設置され、その配下に5教科および氏名入力担当者の業務実施のために合計51ページが設置され、日々行われる在宅ワーカーとのやりとりが仕組化されています。

株式会社エデュケーションデザインラボ（EDL）

◆ 組織の構成とNetCommonsサイトのメニュー構成

採点業務の組織図は以下のとおりです。

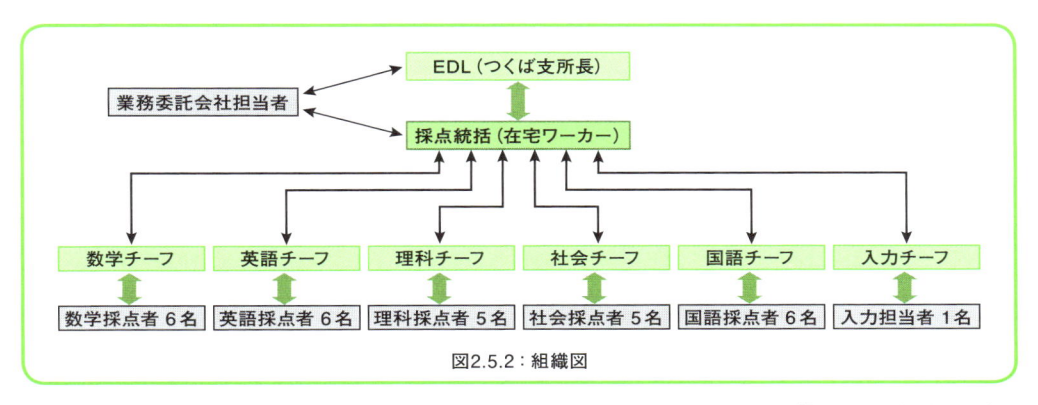

図2.5.2：組織図

まず採点スタッフは担当する教科を1つ決めます。次に5科目ある教科ごとに連絡の要となる「教科チーフ」を決めます。教科チーフは5名、そして氏名入力やテストの完了報告を行う入力チームのチーフが1名です。入力チーフが全体の統括を兼ねています。そのため、NetCommonsのルームは大きく分けて、以下の4種類を設定しています。全スタッフを登録し、全員で情報共有する「採点ルーム」と管理職のみでの情報共有を行う［統括ルーム］、そして各教科チーフレベルで情報共有を行う［採点チーフルーム］、そして各教科メンバー同士で情報共有を行う［教科ルーム］です。各教科ルームには、別途、完了作業を行う入力者も登録した完了報告ルームを設置しており、合計15のルームが存在します。なお、各教科ルームは自分が担当する教科のみに登録されるため、他の科目のルームは［メニュー］には表示されません。

▲図2.5.3：非公開スペース［採点ルーム］のトップページ

◆ 効果的な情報共有を成功させる秘訣

いずれのルームにも必ず設置しているのが【掲示板】と【キャビネット】、そして【お知らせ】です。

特に【お知らせ】はルームに登録されたメンバーの名前、ページごとの目的などを明記します。自分はそこで何をすべきなのか、ログインして一目瞭然であることがスムーズな情報共有を成功させる秘訣です。また登録されている自分の名前や同じ教科のメンバーの名前が掲載されていることで、組織の一員としての自覚を持つことができます。

ほとんどの連絡は【掲示板】で十分ですが、緊急の業務連絡にも対応できるよう、携帯のメールアドレスの登録を義務化しています。もちろんすべての連絡が携帯メールに届くとなるとパケット料金がかかり負担となるため、【掲示板】を2つに分けて設置し、1つはメール配信が行われる掲示板、もう1つはメール配信をしない長文用の掲示板として使い分けています。

NetCommonsは【掲示板】や【日誌】に投稿した記事の内容をタイトルだけ、あるいは記事の全文も含めてメールで同時配信するといった設定が細かくカスタマイズできます。件名を最短にする工夫をし、記事の全文をメールで自動送信すれば、受け取る方もいちいちログインして投稿内容を確認しなくて済むため、便利です。

◆ 年度ごとにモジュールを新しく追加

【キャビネット】や【掲示板】は多用されているので、データがどんどん溜まっていきます。一年間の記事投稿数を調べたところ、チーフ連絡掲示板は782件、数学ルームの[終了報告掲示板]には、1,138件もありました。業務で大量のやりとりをすることから、記事投稿する際の件名についても、なるべく短くて内容のわかる件名にとルールを決めています。携帯メールで受信する場合、表示可能文字数に制約があるため、件名は短いほうが親切です。

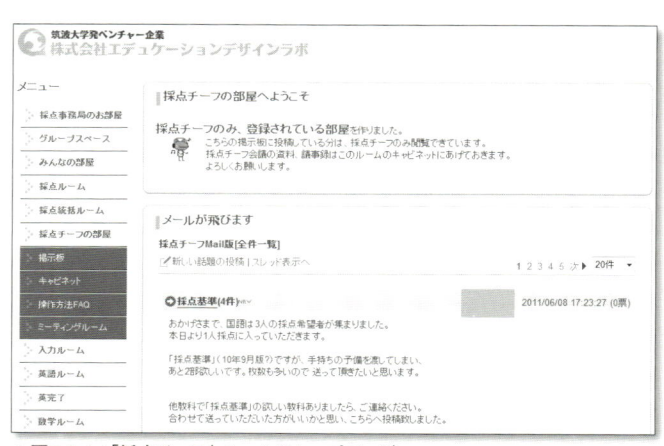

▲図2.5.4：「採点チーフ」ルームのトップページ

また情報を整理整頓するため、年度が変わるたびに同じモジュールを新規に設置しています。NetCommonsは同じモジュールを同じページにいくつでも設置できます。そこで例えば今年度のキャビネットと前年度のキャビネットと2つに分け、同じページに設置しています。モジュールの編集画面から［ブロックの移動］で［倉庫］と名付けたページにまとめて過去のデータを格納することもあります。

◆ 教科ごとにチーフが個性を発揮

各教科ルームはチーフに「主担」権限を付与し、自由にレイアウトしてもらっています。そのため、チーフの判断で、教科のメンバーが気軽につぶやけるように【チャット】を設置しているルームもあれば、画像やイラストなどで明るい雰囲気をつくっているルームもあります。どんな情報をページに配置しておけばメンバーにとってメリットを感じてもらえるのか、チーフそれぞれが工夫をし、サイトを日々改良してくれています。すぐに内容を変更でき、試行錯誤できるところがNetCommonsの良いところです。

▲図2.5.5：「社会ルーム」のトップページ

まとめの一言

各ページに設置した【お知らせ】で目的を明確化し、
組織にとって必要不可欠な情報共有を実現する

第3章 教育の場面（e-ラーニング、情報モラル教育）で使う

NetCommonsはCMSとグループウェア、そしてLMS（Learning・Management・System）が統合されたシステムですが（第5章第2節参照）、【小テスト】や【レポート】などの教育向けモジュールを活用した事例だけでなく、通常使われている【汎用データベース】や【日誌】、【チャット】を使っても教育に大いに活用できるという事例をご紹介します。学校教育の現場のみならず、社員教育やコミュニティへのゆるやかな教育にも応用できます。

1 児童が作り上げる学校データベース

【汎用データベース】

深谷市立上柴東小学校　http://www.kamishibahigashi-e.ed.jp/

▲図3.1.1：ログイン後に表示される非公開スペース

上柴東小学校のウェブサイトには、6年生児童が翌年以降の6年生の参考になるようにと、説明の文章を推敲し、写真を選んで作った［修学旅行ガイド］が掲載されています。情報教育の一環としてNetCommonsを使い始めたきっかけは、平成20年度に埼玉県立総合教育センターでの長期研修だったとのこと。本書では非公開スペースで構築されたAmazonリンクを使った本の紹介データベース作成など【汎用データベース】を活用しての学びにフォーカスしてみました。

◆【汎用データベース】を使って授業

【汎用データベース】は教師が設定した書式（入力項目）を指定することで、児童がレイアウト等で費やす時間を大幅に節約できるため、便利に使うことができます。

本の紹介データベースづくりは、学習指導要領で示された「読んだ本の推薦文を書く」活動として行いました。より多くの人に伝えることを目的に、読んだことがない人にも伝わり、なおかつ読みたいと思うような文章を書くためにどうすればいいのか、キャッチコピーや推薦文を子どもたち同士で推敲し合いました。

従来は伝える相手が教室の友だちや先生であったものが、ウェブを通じて世界中に広がることで、文章表現等に対する意識や推敲する意味が大きくなりました。また、読書感想文のようにたくさん書くのではなく、100～150字という文字数制限をすることで、要約したり、推敲しやすくなったりという効果があり、児童への文章表現技能を高めることができました。この授業は5

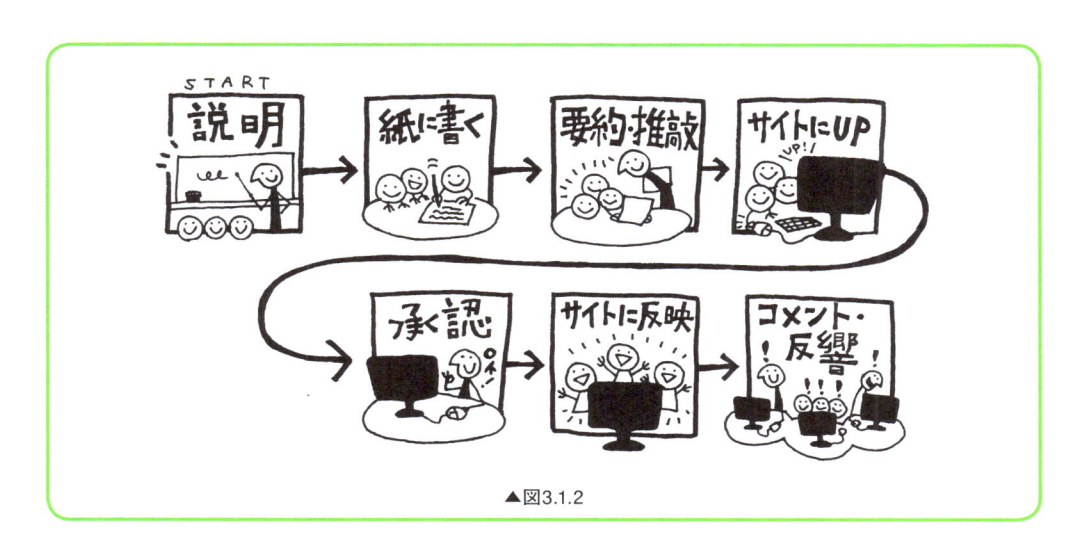

▲図3.1.2

時間扱いで行いました。

　1時間目に、推薦文を書き、キャッチコピーを考えました。2、3時間目に推敲し合う（学び合い、書画カメラ使用）時間をとり、4時間目でコンテンツを作成（PC使用）。5時間目には相互評価を行いました。

▲図3.1.3：ワークシートに記入

▲図3.1.4：普段使っているパソコンの画面

◆ コンテンツの投稿と課題

　子どもたちにコンテンツを作らせるわけですが、いきなりサイトに投稿させるのではありません。まずは事前にワークシートの項目に記入させ、次にグループスペースで作成し、その後パブリックスペースに移動させています。修学旅行ガイド、クラブ紹介も同様です。

　今年度新たに広報掲示委員会による「東っ子ニュース」のコンテンツをやはり【汎用データベース】で作りました。こちらは、子どもたちが学校内を取材し、投稿できるようにしています。取材カードに文章を書かせ、休み時間にアップします。もちろん承認機能を使います。

　本の紹介データベースですが、Amazonにリンクされていることからグループスペースで閲覧できるようにしています。販売目的ではないことを明記するなどし、一般公開できるようにしていきたいと考えています。実際に学校ではフィルタリングにより、Amazonのサイトはブロックされています。今回の授業を行うにあたり、本のイメージを置いているサイトのURLのみ通すように設定して行いました。

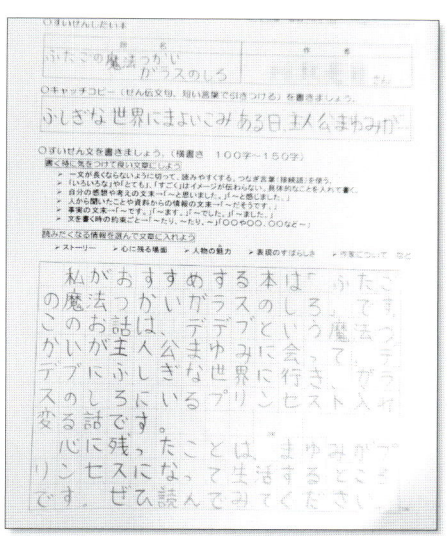

▲図3.1.5：記入されたワークシート

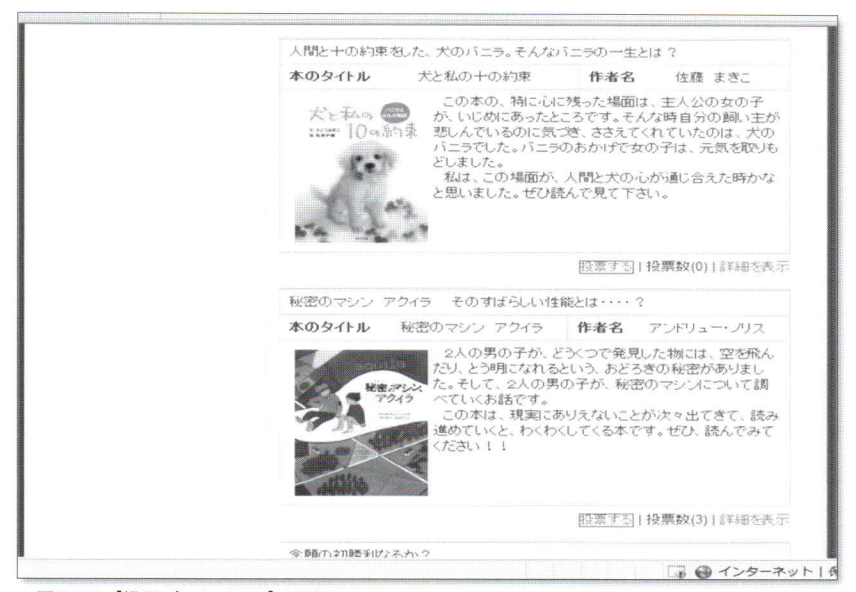

▲図3.1.6：【汎用データベース】の活用

■ まとめの一言

短文にまとめる力、伝わるように表現を工夫する力、
【汎用データベース】で効果あり

第3章 教育の場面（e-ラーニング、情報モラル教育）で使う

2 情報モラルの授業をNetCommonsで

【チャット】【日誌】

春日部市立上沖小学校　URL http://www.kamioki.av-center.kasukabe.saitama.jp/

▲図3.2.1：非公開スペース 5年1組の部屋

> 上沖小学校では、情報モラルに関する「実践力」を座学とNetCommonsのよる体験活動による相乗効果で向上させようとしています。今回は、情報モラル教育のために新設した単元ではなく、これまでの教科の学習の中で情報の取り扱いにスポットを当てた場面を意図的に設定し、体験学習を通して情報モラルを育成する研究についての成果をご紹介します。情報モラルの授業の導入には【チャット】を、また児童にNetCommonsの操作に慣れてもらうために、学級日誌を【日誌】に投稿させ機会を増やす工夫など事前準備にも参考になる点がたくさんあります。動画はデジカメの動画モードで撮影しているそうです。

◆ 検証授業の内容と目的

　情報モラルに関する「実践力」を向上させるためには「座学」と「体験活動」をバランスよく行うことが大切である、という仮説のもと、検証授業を行いました。また、教科の目標を達成することを第一に考え、教科の目標を達成しつつ情報モラルの実践力を向上させる授業を構想しました。題材は、小学校第5学年の『目的に応じた伝え方を考えよう』、『工夫して発信しよう』（5年下、光村図書）です。国語科としての目標を達成しながら、「他人や社会への影響を考えて行動する」、「情報にも自他の権利があることを知り尊重する」、「何がルール・マナーに反する行為かを知り絶対に行わない」等の態度を身に付けさせることを学習の主眼としました。具体的な学習活動は次の4つです。

1. チャットの体験を通してインターネット上でのコミュニケーションのしかたを学ぶ。
2. 情報モラル教材（ネット社会の歩き方「肖像権に気をつけて」）を見て取材や撮影をするときのルールを考える。
3. 過去の5年生が作った作品を見て、インターネット上で公開する上での問題点を話し合う。
4. 作ったニュースをインターネット上で公開する活動を通して、適切な言葉遣いやわかりやすく効果的に表現する方法を理解する。

▲図3.2.2：チャットについて情報モラル授業で学ぶ

第3章　教育の場面（e-ラーニング、情報モラル教育）で使う

◆ 事前準備

　授業でNetCommonsを活用するにあたり、まずは児童に慣れてもらうため、【日誌】を使って学級日誌をつけてもらうようにしました。学級日誌は日直が担当し、毎日更新しています。なお、記事やコメントを書く際には、「～だから」、「～ないので」というように理由を明らかにさせ、論理的表現力を育成するように努めました。そのために、マス目付きの付せん等を活用し、一度紙に書いてからコンピュータに入力させることも試みました。

　また、NetCommonsを体験する学級においては、【フォトアルバム】や【動画配信】[9]などのモジュールを使い、教師が学級の様子を公開しました。また、授業の中で児童が閲覧する活動を意図的に行いNetCommonsでできることを児童に知らせました。IDとパスワードは児童一人ひとりに付与しています。個人情報保護の観点からIDとパスワードは大切なものであり貸し借りできないものであることはこれまでに座学で学習しています。また、担任には「主担」の権限を与え、児童の記事を承認できるようにしました。画像や動画は悪用される恐れもあるため、各学級のルームはグループスペースに設置していますが、保護者にも児童のIDを使って閲覧してもらえるようにしています。

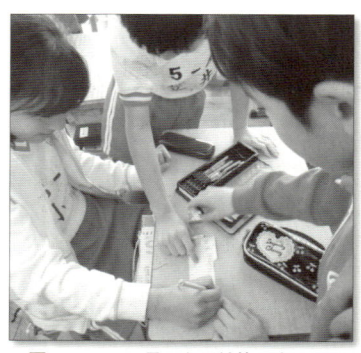

▲図3.2.3：マス目のある付箋に書きこむ

▲図3.2.4：上沖小の学級日誌

---

9 【動画配信】は拡張モジュールです。公式サイトの［ダウンロード］からソースファイルを取得し、追加できます。

春日部市立上沖小学校

◆ 活用モジュール

　検証授業で実際に使ったのは【チャット】、【動画配信】、【アンケート】です。
　NetCommonsによる体験活動の導入には特に【チャット】が大変有効です。児童はチャットによってインターネット上のコミュニケーションを楽しむことによりインターネットの便利さを体験すると同時に学習に興味を持ちます。初めてのチャット体験は、楽しさのあまり意味のない文字の羅列や読んだ人が不快になる表現等不適切な書き込みをする児童が現れるものですが、これが指導のチャンス。ここで座学を行うのです。これは、前時のチャット体験を教材にした、見えない相手とのコミュニケーションのしかたについて考える授業となります。誰の発言かわからないよう配慮しつつ、問題のあるチャットの表現を拡大印刷し、これを教材として表現について改めて考えます。この座学で学んだ知識を基に次のチャット体験を行います。2度目のチャットは自然に話し合うテーマが出たり、書き込みに対する返信や賛同が現れたりするなど、会話のキャッチボールが成立する正しいコミュニケーションが行われ、児童はインターネット上のコミュニケーションの良さを体験することができるのです。その後は、各教科の目標を達成するためのツールとしてNetCommonsを活用していきます。

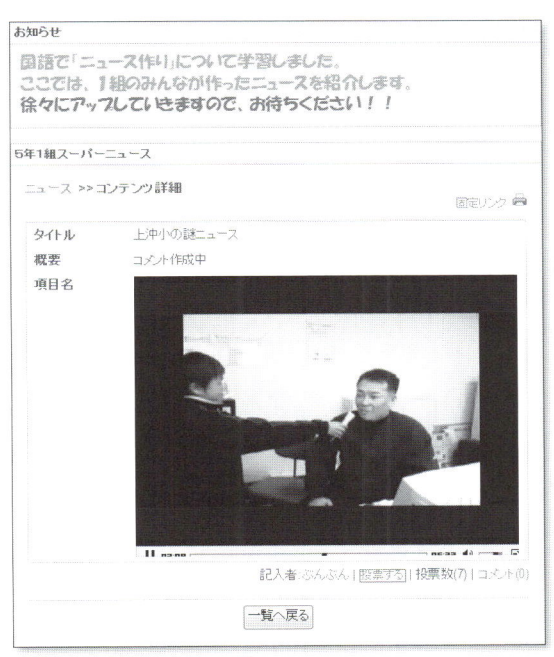

▲図3.2.5：完成したニュース

■ まとめの一言
　　子どもたちの動機づけに有効な【チャット】は
　　　　　　導入時に最適

第3章 教育の場面（e-ラーニング、情報モラル教育）で使う

3

【iframe】【チャット】【動画配信】【汎用データベース】【レポート】

大学入学予定者の不安を期待に変えるコミュニティサイト

国際基督教大学（ICU）　http://nc.icu.ac.jp/nso/

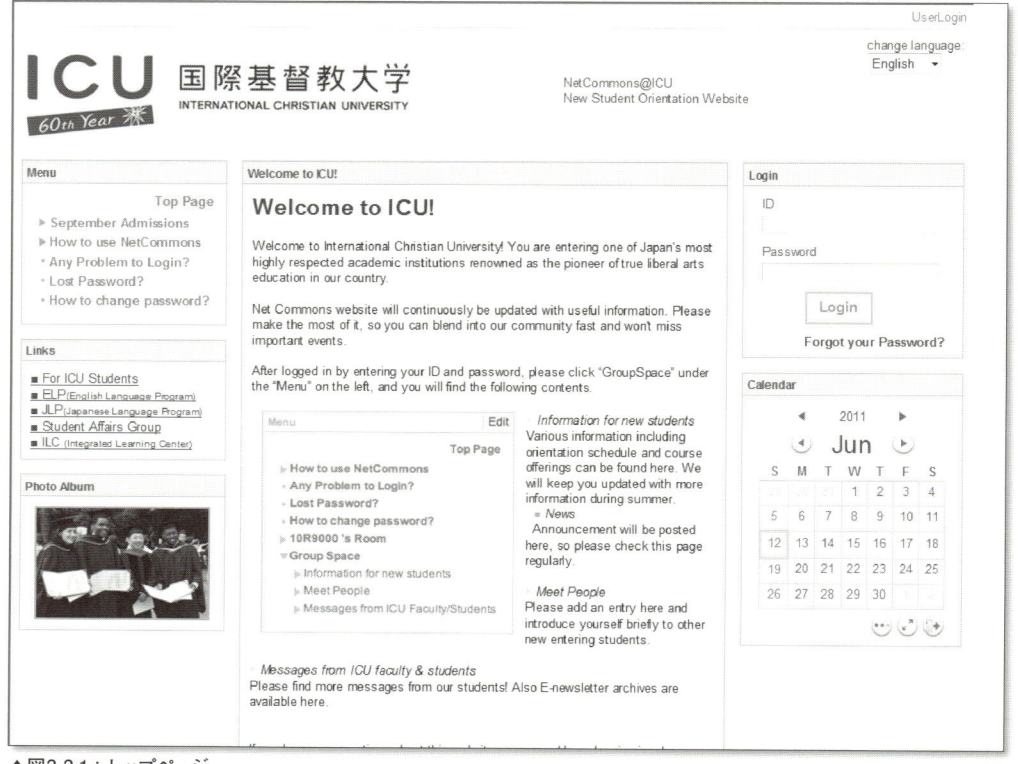

▲図3.3.1：トップページ

　国際基督教大学（ICU）では、平成16年にNetCommonsを導入し、翌年から入学前教育に活用をはじめ、平成20年（平成21年度入学者）から現在の形式で行っています。本文で詳しく紹介しますが、入学予定者を3つに分類するなど、きめ細かく対応しており、入学予定者を対象とした講義ビデオを【動画配信】で、また同大学の別サーバーに置いてあるコンテンツを【iframe】で利活用するなど、モジュールの活用方法も大変参考になります。なによりFacebookなどでネット上のコミュニティに慣れている学生が【プライベートメッセージ】や【チャット】を活用して、事務局の手を借りずに上手に情報交換している様子は興味深いものがあります。

▲図3.3.2：大学キャンパス

◆ 講義ビデオを非公開スペースで

　本サイトでは、入学予定者を次の3つのグループに分けて運用しています。
・Startup Program 2011 (AO・指定校推薦等、推薦入試合格者が対象)
・Startup Program 2011S (一般・センター試験合格者が対象)
・Information for New Students 2011 (入学予定者全員が対象)
　推薦と一般を分けたのは、時期がずれていることもあり、また一般入試の人には課題提出を義務付けていないなど、若干コンテンツが異なるためです。
　Startup Programでは、入学までの準備として、ICUにおける学生生活や英語教育プログラム、専門科目などについての講義を【動画配信】で行い、サイト上で視聴できるようにしています。また、英語でエッセイを書く課題を出しており、課題提出には【レポート】を利用しています。提出されると、英語教育プログラムの教員がコメント機能を利用して添削やアドバイス、指導を行います。
　講義ビデオ等は一般入試等で合格した学生も見ることができるようアカウントを配布し、Startup Program 2011S および Information for New Students 2011 に登録します。
　入学時のオリエンテーションは、短い期間に非常に多くの情報を伝えなければならないため、その一部を事前にオンラインで見ることができるようにしたい、というねらいもあります。

▲図3.3.3：【チャット】を活用した学生同士の交流

◆ 学びと情報の場をウェブで提供

現在サイトで使っているモジュールとその内容一覧は以下のとおりです。
- 【お知らせ】：Startup Programやオリエンテーションのスケジュールや、お知らせ、オリエンテーションの内容の一部など、様々なコンテンツの掲載
- 【動画配信】：講義ビデオの配信
- 【iframe】：講義用スライド、その他ウェブサイトの埋め込み
- 【レポート】：課題の英語エッセイの提出、添削に利用
- 【チャット】：学生同士のコミュニケーションの場
- 【プライベートメッセージ】：受講生とのやりとり
- 【フォトアルバム】：大学の様子について写真を掲載

　【お知らせ】は情報を掲載するのに使っていますが、ページを作成したことのないスタッフでも、簡単に編集できるので非常に便利です。例えば学生サービス部や、教務部のスタッフにアカウントを発行し、コンテンツをアップしてもらいました。一年生の夏休みにSEAプログラムという海外英語研修プログラムがあるのですがその研修校の情報や応募方法などは、担当者に直接編集してもらいました。

◆ 学生の反応と効果

　ビデオでの講義配信は、遠方の学生も大学に来なくても聴講でき、何度でも再生することができるため、大変好評で、大きな効果がありました。

チャットや掲示板などを用意すると、学生同士の交流は活発に行われますが、中でも興味深かったのは、学生から質問などがあった場合に、参加している学生同士で、「それはここに書いてありますよ」など自分が知っていることなどを書き込み、職員が介入しなくても学生間で問題を解決するという動きが見られたことでした。

　オンラインでのエッセイの提出などについては、一部苦手な学生はいるものの、大多数は肯定的で、オンラインで提出できるのは便利だ、という声が多かったです。

　9月入学生向けのサイトでは、【汎用データベース】を利用して、学生に自己紹介を入力してもらったのですが、Facebookなどで慣れているせいか、積極的に記入していました。

　学生の声としては、「学生同士のコミュニケーションがありお互いに質問をすることができて良かった」、「ほかの生徒の意見を聞くことができて良かった」、「郵送と違って最新の情報が得られる点が良い」、「お互いのメールアドレスを知らなくても、名前が分かればメールが送れるというシステムも便利」、「入学前にICUの先生方のメッセージや外国人教員の講義をパソコン上で見ることができて、刺激になり、早く入学して、授業を受けたいという意欲が非常に高まった」、「SEAプログラムについて情報を得られたので、入学前から両親と話し合うことができた」など、いただいています。

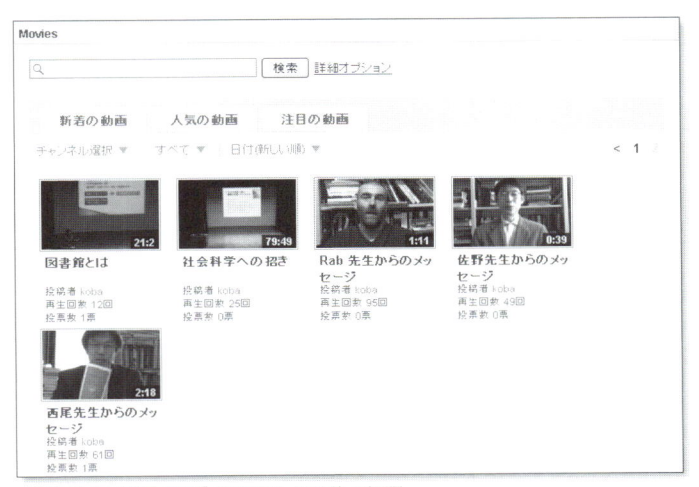

▲図3.3.4：【動画配信】で提供した講義が好評

まとめの一言

最新情報と講義動画の配信、さらに、
学生間交流までを安全手軽にグループスペースで実現

4 社員教育に大活躍、小テストモジュール

【お知らせ】【小テスト】【リンクリスト】

株式会社ジョイフル本田　URL http://www.joyfulhonda.com/

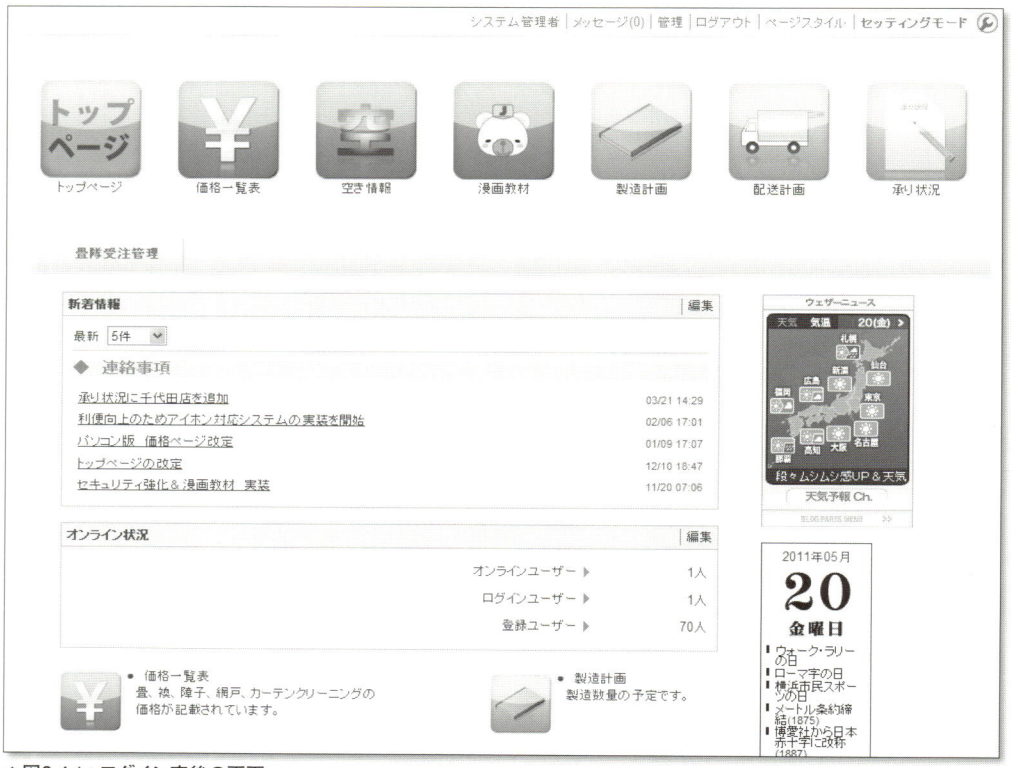

▲図3.4.1：ログイン直後の画面

　ここでは、企業が社員教育の一環としてNetCommonsを活用している事例をご紹介します。株式会社ジョイフル本田は、従業員数4,600名（正社員数1,600名）、茨城県を拠点に関東で15店舗を持つホームセンター事業を行っている企業です。同店で扱う畳、襖、障子、網戸の部門において、従業員の社員教育や作業管理、販売資料の管理にNetCommonsを役立てています。4コマ漫画と簡単なテストを一体化して、理解の定着を図っているとのこと。このe-Learning教材を開発し、すでに300名以上が利用、効果は抜群だそうです。詳しい内容について、サイト構築担当者に伺いました。

株式会社ジョイフル本田

◆ 4コマ漫画と【小テスト】を組み合わせる

「無機質な業務マニュアルを、漫画などで親しみやすくして欲しい」と依頼されたのが、そもそもの始まりです。確かに、漫画化すれば読んでもらう動機づけの向上には一定の効果を見込めます。しかし、長編でダラダラと進めても期待されるような成果は得られないと判断しました。そこで、分野ごとに単編化し、要点を絞り込んだ4コマ漫画を描くことにしました。実際の製作は「畳」の製造や、知識に関する分野から着手することになり、数ヶ月を経て300話程度になりました。

当初の計画では、漫画を電子化して各人がパソコンで閲覧できるようにすることが目的でした。ところが、結果として個々の漫画には予想以上に教育的な要素が随所に盛り込まれていることに気がつき、「漫画と簡単なテストを一体化させたようなシステムができないものか?」と考え、NetCommonsの【小テスト】の活用へと繋がりました。

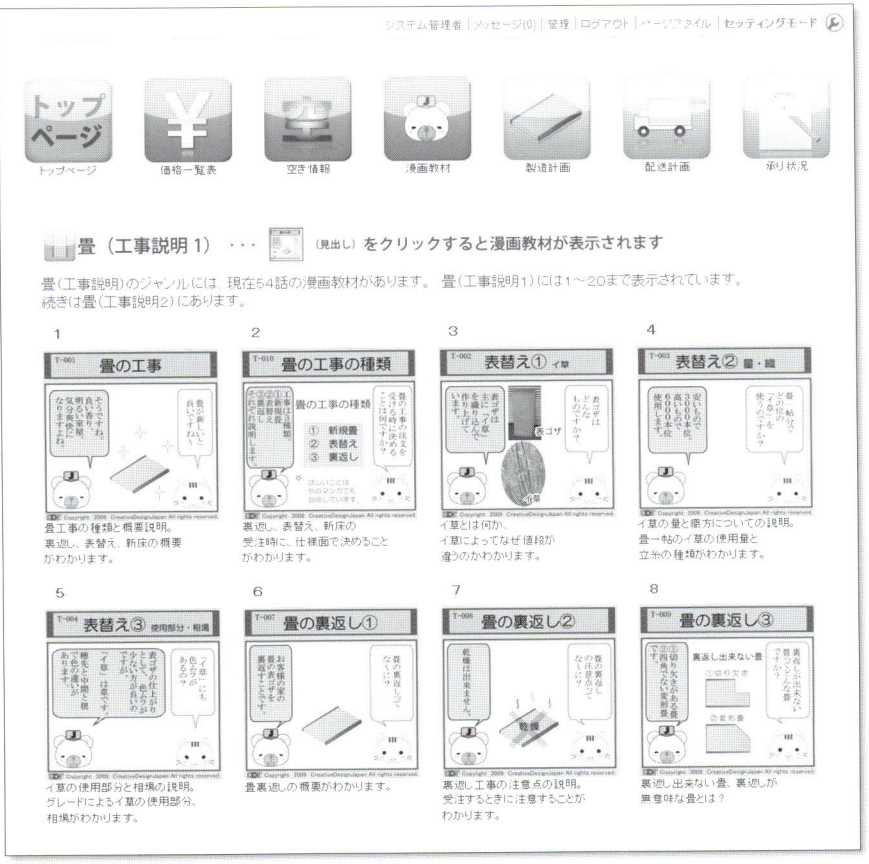

▲図3.4.2:漫画教材トップページ

◆ 非公開スペースの構成とモジュールの活用

ログイン後の主な「ページ」と内容については以下のとおりです。

［価格一覧表］：畳、襖、障子、網戸に大別したトップページを作成し、それぞれに細分化されたグレードや種類の価格表については、【リンクリスト】を活用してジャンプさせています。【リンクリスト】では、リンク先の閲覧数がカウント表示されるため、どの製品のどのグレードの価格表が、どれくらい閲覧されているのかが簡単に把握できるため、需要動向のデータとしても有効です。

［漫画教材］：【お知らせ】に4コマ漫画をアップし、その横に【小テスト】を設置し漫画に対応させた簡単なテストを表示させています。

［承り状況］：別サーバーにアップされているExcelデータを【iframe】を活用してリンクさせ、シームレスな画面構成を実現させています。

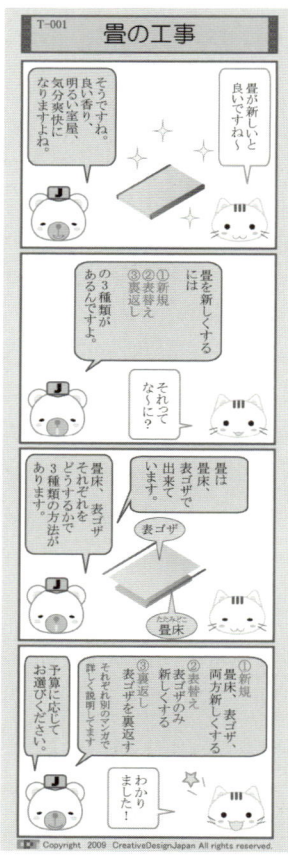

▲図3.4.3：4コマ漫画と小テスト

◆ NetCommons導入の成果

　4コマ漫画の良さは、4コマでストーリーが完結することにあります。これは、説明などの長文を読んで最後に複数問の確認をするような一般的なテストとは異なり、4コマ漫画1話に対してのテストが可能となります。つまり、漫画と設問を視野的に極めて近い位置に設置することが可能なので、教育効果が高くなるのです。【お知らせ】と【小テスト】というモジュールを組み合わせることでこれを簡単に実現することができました。しかも、成績管理もできるため一石二鳥といった状態でした。【小テスト】の採点機能は素晴らしいですが、成績管理もしっかりできることが、予想以上の高評価に繋がっていると感じます。現在約300名の従業員が本サイトを活用しています。まさに、組み合わせの妙で、モジュールの個々の機能の良さが、組み合わせによって更なる価値を創出しています。

▲図3.4.4

まとめの一言

4コマ漫画と【小テスト】という組み合わせが社員教育に効果大

第4章 見えない絆となる安心・安全な情報基盤として使う

東日本大震災後、児童生徒・保護者に対して、学校から必要な情報をタイムリーに伝達する情報基盤の重要性が普段以上に高まっています。本章では、NetCommons サイトが危機管理手段としてどのように緊急時の情報伝達や情報共有に役立ったのか4つの事例をご紹介します。

1 【登録フォーム】で安否確認

【掲示板】【登録フォーム】【日誌】

潮来市立潮来第一中学校　URL http://itako1.com/htdocs/

▲図4.1.1：震災直後のトップページ

茨城県南東部に位置する潮来第一中学校では、平成22年度にNetCommonsを導入しました。ウェブページをHTMLエディタで作成し、FTPクライアントソフト[10]でアップロードするという作業を全教員に習得させるのは非常に難しいと感じていた情報担当の先生がNetCommonsならブラウザ上で誰でも容易に編集ができると思い、導入したとのことです。震災直後は電話よりもメールのほうが比較的通じるということがあり、緊急用に様々な代替手段を用意しておく必要性を強く感じたそうです。【登録フォーム】、【日誌】というごく日常的に利用されているNetCommonsのモジュールが震災時にどのように活用されたのかご紹介します。

◆ サイトの運営体制

　NetCommonsを導入するにあたり、新しいプロバイダの契約、ドメイン取得、NetCommonsの使用等、すべて校長よりサイト担当者に任せてもらうことができました。それまで使っていたプロバイダは、データベースサーバやPHP[11]も特別に申し込む必要があったので、より手軽に使えるレンタルサーバーを探しました。NetCommonsを使い始めてからは、ねらい通り全職員がウェブサイト運営に携わっています。

　現在、校長と情報教育担当が、NetCommonsの「管理者」になっており、それ以外の職員には「主担」として、自分の担当学年、担当部活動のみ編集権限を与えています。年度当初に「運営ガイドライン」を配付し、情報の取り扱いに関する共通理解をはかった上で、自分の担当するページの編集を行っています。更新時には管理者あてにメールが届くようになっており、間違い等が発見されればすぐに手直しをしますが、そのような事例はほとんどありません。すぐに公開されるのが不安な職員に対しては、「一時保存」をして、管理者に口頭で伝え、管理者が確認後、公開するように助言しています。

　20人の職員にアカウントを付与し、更新に携わっています。

10　自分で作ったホームページをウェブサーバーへアップロードするにはFFFTPなどのFTPクライアントソフトが必要になります。市販のホームページ作成ソフトなどにはFTPソフトの機能が組み込まれているものもあります。
11　PHP：正式名称「PHP：Hypertext Preprocessor」。ウェブサーバー上で動作するスクリプト言語で、動的なウェブページの生成やデータベースとの連携に優れています。NetCommonsはPHPを使って開発されています。

第4章　見えない絆となる安心・安全な情報基盤として使う

◆ 震災直後の状況把握に活躍

　潮来市は今回の地震の震源地からは遠かったのですが、液状化現象が激しく、多くの建物に被害があっただけでなく、長期間停電・断水が起こりました。本サイトでは、地震直後から保護者に対して情報を発信し続けました。地震が起こった際、潮来第一中学校は6時間目の授業時間中で、学校にいる生徒は全員無事でした。安全を確認した後、生徒は帰宅しましたが、その後、グループルームの掲示板から「帰宅をしたら、学校ウェブサイトにアクセスして、被災状況（家族全員の安否、家屋の被災状況、避難の有無等）を報告フォームに書きこむように」とメール配信されました。当時、市内は一部停電していましたが、携帯電話等で学校ウェブサイトにアクセスして【登録フォーム】に保護者が被災状況を報告した結果、震災から一日で全校の被災状況を把握することができたのです。

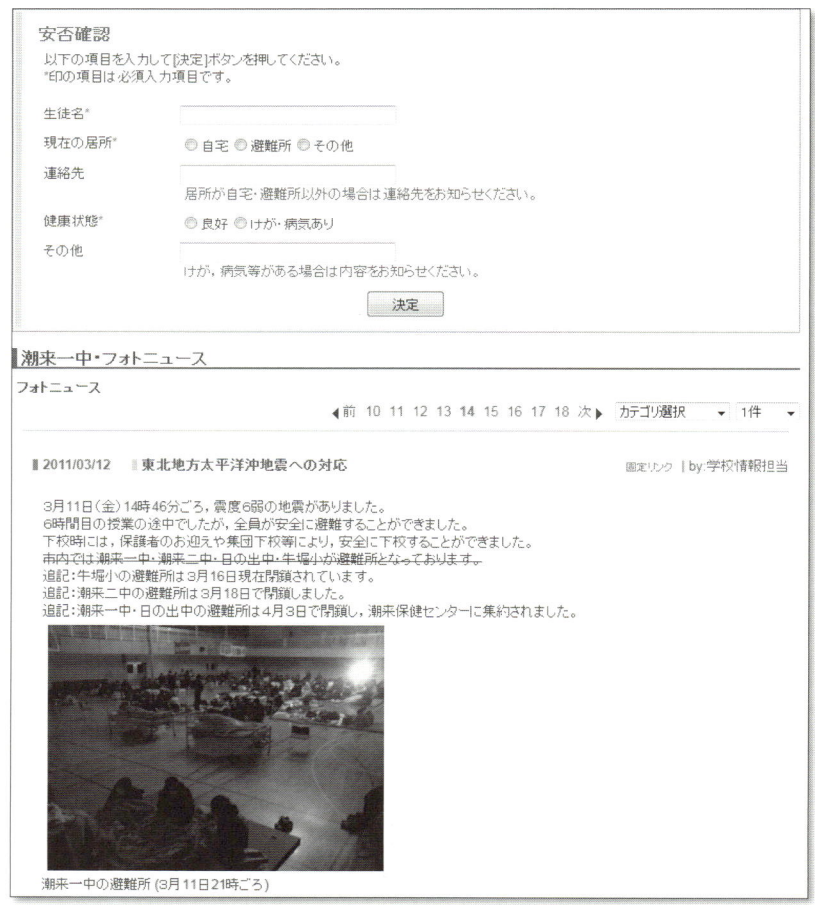

▲図4.1.2：安否を報告する【登録フォーム】と震災翌日の記事

◆ 即時性のある情報を学校から発信する

　本サイトは状況の変化によって日々【日誌】に更新されていきました。たとえば、震災翌日の3月12日の段階では「市内では潮来一中・潮来二中・日の出中・牛堀小が避難所となっております」と書かれていましたが、その後これらの避難所が閉鎖され、4月3日には潮来保健センターに集約されたことがわかります。臨時休校も、決定後、即時ウェブ上に公開され、状況が変われば追って修正版が公開されました。即時性に関しては、メール配信に軍配が上がりますが、情報の履歴も含めて一次情報を発信する能力ではウェブが勝ります。特に情報が錯綜しがちな災害中盤から後半にかけては、学校ウェブサイトをいかに活用するかによって、結果に大きな差が生じるのです。

　グループルームから生徒・保護者へ【掲示板】からの一斉メール配信も行いました。今回は、生徒・保護者への緊急メール配信、安否確認等、NetCommonsには本当に助けられたと感じています。

▲図4.1.3：【掲示板】からの一斉メール配信

■ まとめの一言
　　緊急時でもネットにつながればサイトの更新が
　　　　できる仕組み。これからは必須

第4章　見えない絆となる安心・安全な情報基盤として使う

2 インフルエンザで休校、タイムリーかつ安全な情報配信に威力を実感

【お知らせ】【日誌】

神戸市教育委員会　URL http://www.city.kobe.lg.jp/child/education/
神戸教育情報ネットワーク　URL http://www2.kobe-c.ed.jp/top/

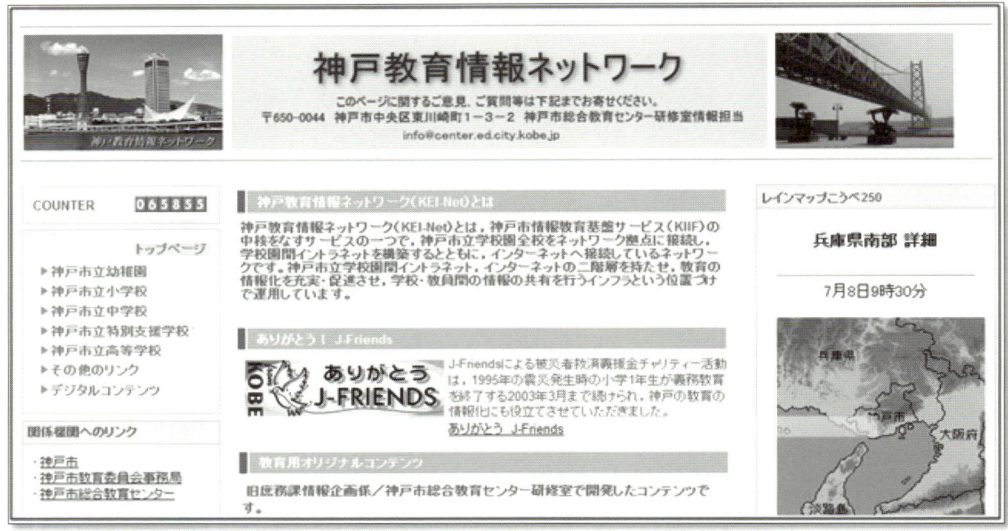

▲図4.2.1：トップページ

神戸市では、平成21年度に市内301の小・中・特別支援学校・幼稚園、そして平成22年度に9つの高校ウェブサイトがすべてNetCommonsに移行しました。実はこの移行計画は平成20年度から進められていたのですが、「既にウェブサイトがあるのに、なぜCMSに移行しなければならないのか」との声が根強くあり、なかなか移行が進んでいなかったのです。そのような状況で平成21年5月に、あるきっかけから神戸市のNetCommons導入が一気に加速しました。緊急時のCMSの有用性や、【お知らせ】が時系列や履歴、権限管理を持たないモジュールであることから、【日誌】の方が緊急事態における可用性が高いことなど、ぜひ参考にしていただきたい事例です。

◆ 既存ウェブページとCMSの情報公開に関する即時性の違い

　平成21年5月、神戸市を新型インフルエンザが襲いました。学校は短時間の間に学級閉鎖、または学校閉鎖の判断を下し、保護者に連絡する必要がありました。既にCMS（NetCommons）に移行を済ませていた学校では、すぐに学校ウェブサイトに休校のお知らせを掲示しましたが、そうではない学校では連絡に手間取り、児童生徒が登校してから学校閉鎖になったことを知るというケースも少なくありませんでした。

　今回、CMSへの移行が完了した学校と旧ウェブページの学校との差が大きく明らかになったのは、新型インフエンザにともなう休校措置の決定が休日になされ、かつ長期におよんだためです。通常、学校は児童生徒を通じてさまざまな情報を家庭へ伝達します。児童生徒が登校していないときは、家庭への電話連絡、または家庭訪問により行いますが、同じ日に複数回や毎日行うことは想定されていません。

　それまでの学校ウェブサイトの更新スケールは「年」「月」程度であったのですが、マスコミとの競争も感じられ、いきなり「時」「分」レベルの即時性を要求されることになり、旧ウェブページの学校は対応できず困惑していました。

　今回のように登校していない児童生徒やその家庭に、刻々と変更される情報をいかに伝えるかというところからも、旧来の委員会事務局の承認による時間のかかる更新方式と、学校の判断による更新が可能なCMSの違いだけでなく、学校ウェブサイトの役割そのものにも大きく目が向けられることになりました。

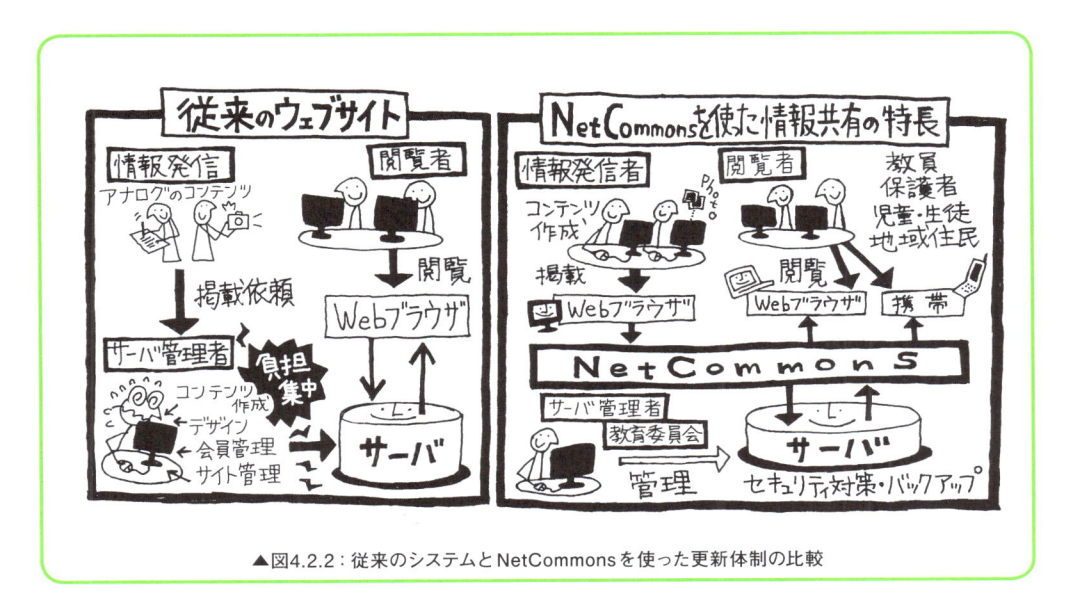

▲図4.2.2：従来のシステムとNetCommonsを使った更新体制の比較

◆ ウェブサイトと他の緊急連絡手段との比較

従来の休校等の連絡については以下の方法で実施されていました。
(1) 各家庭に電話連絡 (2) 各家庭を家庭訪問する (3) ウェブサイトに掲載する

今回のような場合、学校規模ということになると実際には (1) は学校の電話では本数等容量に限界があります。しかたなく先生の私物の携帯電話を使用して対応したというケースも多かったようです。また、問い合わせも入ってくるため情報の往復となり、電話が終日パンク状態となり、あきらめて (2) にというケースもありました。

(2) については、インフルエンザという伝染性疾患のため、のちのち議論を生みました。また、情報変更の度に家庭訪問ということになり、教員も疲労感が高まっていくこととなりました。

(3) については、休校措置等を予測しウェブサイトによる情報伝達を行うことをあらかじめ家庭に周知済みの学校もあったようです。すでに策定されていた市の「行動計画」を外部非公開のサイトにはアップして、すでに周知を図っていたのですが、事前の計画は想定どおりにいかないもので、変更や修正をどのように通知するかということも問題になりました。

旧ウェブページを正式の学校ウェブサイトとしながらも、新しく導入したNetCommonsのページを緊急連絡ページとして併用するなど、臨機応変にうまく対応する学校も見られました。

◆ 学校閉鎖後の対応にも差が

NetCommonsを導入していた学校の多くは、トップページの【日誌】に連絡事項を書き込んでいました。一部の学校は、学級担任ごとにログインIDを発行し、担任の名前で登校していないクラスの児童生徒にむけ公開ページに「みんな元気?」とメッセージを書き込んでいました。また保護者だけが閲覧できるページを学校ウェブサイト内に設置し、そこに各担任が児童生徒へのメッセージや休校中の過ごし方、宿題を日々書き込んだ学校もありました。

旧ウェブページからの移行が完了していなかった学校は、このような情報発信もほぼ不可能だったのです。

教職員にとって「ウェブサイトは公共性が高い」という固定観念が強く、「担任がクラスの生徒へのメッセージ」という記事の掲載から「本来誰のためのページか」を考えさせられ、目からウロコが落ちたことを記憶しています。

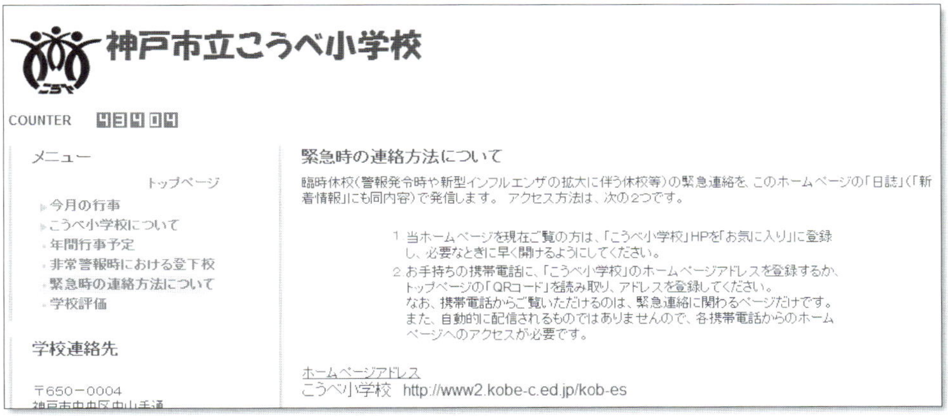

▲図4.2.3：緊急時の連絡方法についてウェブサイトでも告知

◆ **活用モジュールとその後の課題**

　NetCommonsに移行した学校の例では【お知らせ】や【日誌】の使用が主となりました。ただ、【お知らせ】だけを使用して情報提供を行った学校は履歴、時系列の整理、担当者への負担などで苦労していたようです。

　対して「お知らせ」とタイトルをつけた【日誌】を使用していた学校は、発信した情報の整理や権限管理もできることから、担当者だけでなくたくさんの教員で協力して学校ウェブページを作り上げ、効果的に情報発信を行うことができたようです。

　学校再開後、急速にNetCommonsへの移行が進んだのですが、その即時性、簡便さから「警報発令による休校」等緊急時の連絡をNetCommonsに頼ることになりました。しかし「警報発令」はその広域性からウェブシステムへのアクセス集中を生み、システムの停止により情報提供が不可能になり、情報の混乱や家庭からの苦情も発生しました。そのため、学校もウェブページを閲覧できない児童生徒やアクセス集中時の対応を含め複数の情報伝達のしくみを整えるとともに、運営側としてもシステムの増強を図るだけでなく、通常のNetCommonsによる学校ウェブサイトシステムの提供とは別に「全市学校園共通の携帯向け緊急掲示板」などの構築等も新たに検討するところとなっています。

■ **まとめの一言**
　　お知らせは【お知らせ】ではなく、【日誌】を活用すべし。
　　　　即時性のあるサイトに早代わり

3 少ないバッテリー、不安定な通信環境に左右されない情報発信を模索

【掲示板】【日誌】

岩手県立総合教育センター　URL http://www1.iwate-ed.jp/

▲図4.3.1：震災後緊急連絡用としてSaaSクラウド上に構築したセンターのサイト

> 岩手県立総合教育センターは平成21年よりNetCommonsを導入し、県内685校、約12,000人の教職員が利用するグループウェアの構築を実現してきました。当時常識だった専用回線を利用した場合の導入時費用はおよそ10億円と試算していましたが、NetCommonsを採用してのグループウェア構築を選択したことで、費用は100万円で済んだとのこと。グループウェアとして利活用が進む中、3月11日の震災で沿岸部は壊滅的な被害を受け、改めてCMSによるサイト運営の必要性を実感されています。また直接的な被害を受けなかった教育センターですが、その後も停電で大きな影響を受けることとなり、NetCommonsをクラウドで利用すべきであると強く感じたそうです。

◆ 緊急時の情報共有基盤としてのNetCommonsが活躍

　震災直後、携帯電話による連絡がまったく不通となってしまったため、被災地区に派遣された所員とセンターで支援業務にあたる所員との情報共有に、急遽NetCommonsによる連絡サイトを構築しました。震災後被災地でNetCommonsが大変役に立った理由は、1) 携帯電話が通じ難くても、携帯電話からウェブサイトへのアクセスは可能だったこと、2) 通信状態が悪い場合は、移動中継局を探せば（近づけば）送受信が可能だったこと、3) CMSであったことから、電気もケーブルもない被災地から直接書込みができたこと、さらに4) 派遣所員が支援活動を終了した際、すぐにセンターにおいて状況報告を受けられたことなどです。

　また、津波でサーバーが流された市教育委員会のウェブサイトを、NetCommonsで仮構築・提供しました。このサイトは、現在も大切な情報発信源として活用されています。

　3月14日、実際に所員がNetCommonsの所員専用ルームから送信した内容は以下のようなものでした。

「本日14日大船渡市、陸前高田市広田町、気仙町長部に行ってきました。道路状況を報告します。大迫、遠野、荷沢峠で高田第一中学校まで行くことができます。高田第一中学校から普門寺前を経由して、三陸道にのって大船渡まで行くことができます。同様に普門寺前を経由して小友に出て、モビリア、大陽、広田小学校も大丈夫です。気仙町に行くには、矢作から気仙沼に出てからでないと行くことができません。テレビで観ているかと思いますが、本当に悲惨な状況です。町が「無くなった」という言葉どおりです。おかげさまで、わたしの両親は無事でした。他県から来た機動隊、消防隊、警察隊の方々が懸命に救助活動をしてくださっています。本当にありがたいと感じました。被災された方々も、自分の家の周りを片付け始めています」

電話も電気もままならない中で、所員どうしで情報交換ができたことが驚きでした。

▲図4.3.2：サイト更新をする所員　　▲図4.3.3：教育センター外観

◆ 緊急時の連絡サイトとして注意すべき点

　平時においては、【掲示板】や【日誌】からのメール配信機能を使うことについては比較的気楽に考えていましたが、緊急時においては、メールの受信・データの送信は携帯電話のバッテリーを意外と消耗すること、また全ての情報を一斉送信すると、個々の情報の緊急性がわかりにくくなってしまうことがわかりました。そこで、メール送信設定を「する」に設定した掲示板と「しない」に設定した掲示板とを用意し、所員の手元に直接届ける情報とウェブサイトに見に来てもらう情報を使い分けることにしました。緊急時に利用するサイトは、より迅速、かつ的確に情報を伝える手段を考慮すると同時に、少ないバッテリー、不安定な通信環境に左右されない方法にも配慮する必要があります。

　今回は、クラウド環境の必要性も非常に強く感じました。3月11日震災直後の大停電時に、東北電力管内約440万戸が停電し（岩手県は全域停電約77万戸）、センターはもちろん、県庁のサーバーは丸一日以上ダウンしてしまいました。停電では緊急連絡用のサイト構築そのものができない状態でした。次いで4月7日23時32分頃に宮城県沖で発生したM7.4の余震で、再び県内が全域停電となり、センターのサーバーも再度ダウンしてしまいました。結果、震災後に構築した緊急連絡用サイトは使用不能となってしまったのです。このような不安定な状態では安全安心な情報共有基盤といえません。

　東北地方太平洋沖地震の余震が心配される中で、センターでは、今年度、千人規模の研修講座、発表会を実施します。運営者として、講座や発表会の直近に災害が発生した場合、参加

災害等が発生した場合の研修講座の取り扱いについて

　災害等（地震・津波・台風等の天災、大規模停電等）が発生した場合、研修講座の実施に関する連絡を、これまでの通信手段に加え、緊急連絡用サイトからも行います。緊急連絡用サイトは、下記QRコードまたはURLからアクセスしてください。

　また、教育センターへの移動途中に災害等が発生した場合、研修者は、各自の身の安全の確保を第一に行い、研修講座の出席については、所属長の判断を優先してください。ただし、所属長と連絡が取れないことも想定されることから、緊急時の行動については予め所属長と確認する等の準備をお願いします。
　災害等により、取り止める研修講座が生じた場合、その研修講座の延期、中止の別は、後日別途通知します。災害等により、研修講座をやむを得ず欠席した場合は、すみやかに欠席届を提出してください。

【緊急連絡用サイトの利用の仕方】
　　携帯電話で次のQRコードを読み取り、そのままアクセスしてください。
　　インターネットを利用する場合は、下記URLにアクセスしてください。
　　　　URL　http://link.netcommons.***/********/htdocs
　　（このサイトは閲覧専用です。研修者の皆さんからの書き込みはできません）

▲図4.3.4：緊急連絡用サイトQRコードのお知らせ

者に、講座の中止、会場変更等の情報を確実、迅速に伝える必要があると考えました。そして、その連絡手段として、新たにSaaSを利用し、緊急連絡用サイトをクラウド上に構築しました。平成23年度、7月後半以降に実施する全ての講座の実施要項に、災害等が発生した場合の取り扱いと緊急連絡用サイトのQRコードを掲載する予定です（図4.3.4）。

緊急連絡用サイトで使用しているモジュールは【お知らせ】と【日誌】です。携帯電話からの利用を基本としていることから、パケットの減量に努めているところです。

◆ 苦い経験から学ぶ

平成23年4月8日は県内のとある小学校の入学式でした。ところが先述した前日7日の余震で、県内全域が再び停電、深夜から早朝までに、入学式があるのかないのか、情報がまったく入手できない状態になってしまいました。結果的に入学式に参列する関係者は市内のコンビニに貼られた張り紙等で中止を知ることとなったのです。今回の震災、余震を経験し、学校も保護者も固定電話を利用した緊急連絡網の限界を感じています。緊急時の連絡手段として、携帯電話とクラウド上のウェブサイトの活用は非常に重要だと感じています。

震災後4ヶ月が経ち、クラウド上にNetCommonsで構築されたサイトは高校が2校、中学校4校がすでに運用を始めています。沿岸部の学校では、6月23日の登校時に発生した余震の際に、学校からの緊急連絡用サイトとして実際に利用されています。

クラウドとNetCommonsについての学校からの問い合わせが多くなってきました。CMSの利便性とあわせて研修講座でも積極的に紹介していく予定です。

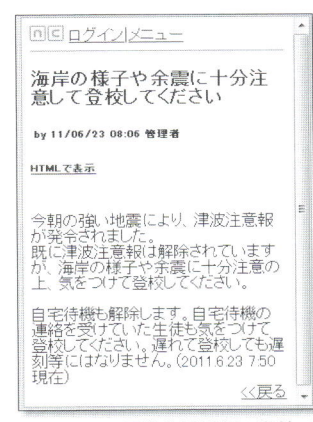

▲図4.3.5：震災後沿岸部の学校で実際に活用された緊急連絡用サイト

■ **まとめの一言**

携帯対応の情報共有基盤はクラウド上にあるべき。
繰り返し襲う余震対策に非常に重要

4 被災地の要請と支援を結びつける ポータルサイト

【登録フォーム】【汎用データベース】

東日本大震災 子どもの学び支援ポータルサイト〈文部科学省〉　URL http://manabishien.mext.go.jp/

▲図4.4.1：トップページ

2011年3月11日、東北地方太平洋側を襲った東日本大震災。東北地方を中心に未曾有の被害をもたらし、今なお大きな爪痕を残しています。そのような中、文部科学省では被災地の子ども達の生活環境及び学習環境の確保が急務と考え、被災地で本当に求められているものは何か？ また、全国から寄せられる温かい支援をいかに被災地と結びつけるかという点について、急ピッチで検討を進めていました。方法としては子ども達が学校生活を行う上で必要とされる被災地からの支援の要請と支援の提案を結びつけるポータルサイトの早期構築が効果的と考え、1) 短期間でのサイト構築、2) 効率的な情報の収集と発信、3) スキルに依存しないサイト運営の点からNetCommonsが採用されたそうです。

◆ サイト構築の流れ

本サイトは4日間という短期間で構築されました。被災地からの支援の要請情報の収集と発信、全国からの支援の提案情報の収集と発信を円滑に行うことを最優先としてサイトを構成し、収集すべき情報の項目や支援のカテゴリを検討しました。どのモジュールを利用すればベストなのか、利用者視点に立ったサイト構築を進めました。

◆【登録フォーム】、【汎用データベース】使用の理由

本サイトでは、支援に関する情報を集めること（支援の要請情報登録、支援の提案情報登録）、そして集めた情報を円滑に発信すること（支援の要請情報一覧、支援の提案情報一覧）ができるかという点から、情報の収集に効果的な【登録フォーム】を活用し、また集めた情報を【汎用データベース】に格納し検索性に優れた形で情報を発信していくことにしました。

また、【登録フォーム】で集めたデータをCSVで出力し一部加工した後に【汎用データベース】へインポートすることで運用負担を大幅に低減しました。

▲図4.4.2：[支援の要請情報一覧]【汎用データベース】

第4章 見えない絆となる安心・安全な情報基盤として使う

◆ 現在のアクセス数や支援提案・要請、実現数について（2011年6月16日（木）14:00現在）

　4月1日の公開から約2ヶ月半で本サイトの累計ページビューは588,675ページビュー、累計訪問件数：164,959件を記録しています。

　また支援の提案数は668件（うち教育委員会等：157件、大学等：303件、その他：208件）うちマッチングが実現した数は99件（うち一部実現71件）となります。支援の要請数は153件（うち教育委員会等：40件、学校等：86件、その他：27件）うち実現数は106件（うち一部実現28件）です。

　　※実現数は文部科学省が把握している件数

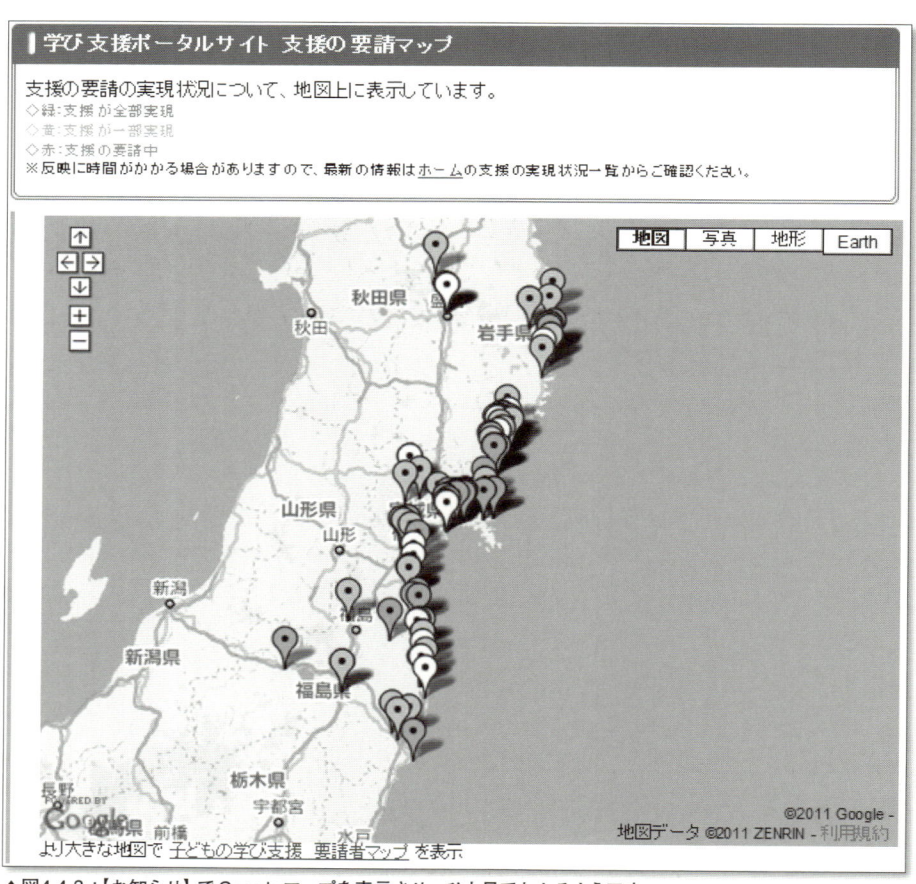

▲図4.4.3：【お知らせ】でGoogleマップを表示させ、ひと目でわかるよう工夫

東日本大震災 子どもの学び支援ポータルサイト〈文部科学省〉

◆ サイト運営にかかわる担当者から

　現在、約5名で更新にあたっています。4月1日のサイト開設以降、Twitterとポータルサイトを連動させ、支援の要請情報を拡散して支援をより受けやすいようにする、電話受付ダイヤルや携帯電話用の要請ページを設置してパソコン環境にない方々が支援を要請できるようにする、実現した支援について、写真やメッセージを掲載する、地図上に支援の要請や実現の状況について表示する等、少しでも多くの方に知ってもらい、利用してもらうために、様々な工夫をしてきました。それらの工夫の多くは技術的な加工を必要とするため、通常であれば1つひとつを実現するために多くの時間が必要ですが、本サイトにおいては多種多様な機能を持ったモジュールがあらかじめ用意されているため、新たな機能の追加を短期間で実現することができ、刻一刻と変化する状況に対応するためにもとても役立ちました。

　これまで、避難所から学校に通う高校生のためのお弁当の支援をはじめ、部活用具、スクールバス、学習ボランティア等、多くの支援が実現してきており、支援を受けられた方々からは、「おかげさまで、入学式を迎えることができました（岩手県、行政職員）」、「たまたまラジオを聞いて、電話をしてみたのがきっかけでしたが、自分たちから働きかけることで結果が出て、それを見ている子どもたちにも元気を与えることができる、その波及効果が本当に大きいと思います（福島県、教員）」、「中総体に向けて、環境が整いました。支援をいただき、苦しい練習を精一杯がんばります（宮城県、中学校バスケットボール部）」などの声をいただいています。

> **まとめの一言**
> 不特定多数からの情報収集には【登録フォーム】、
> 収集データの整理と閲覧には【汎用データベース】がおすすめ

コラム
学校危機管理としての ICT

国立情報学研究所 社会共有知研究センター長
新井 紀子

　2011年3月11日に東北・関東を、続く12日に長野を襲った大規模地震、それに伴う津波は、多くの尊い命を奪う未曽有の大災害でした。被災された皆様には心よりお見舞い申し上げるとともに、一日も早い復興をお祈り申し上げます。

　震災から4ヶ月がたった現在も、大規模な余震への警戒が続いています。さらには、東海・東南海・南海連動型地震の可能性を指摘する専門家の声も聞かれます。こうした中、児童生徒・保護者に対して、学校から必要な情報をタイムリーに伝達する情報基盤の重要性が普段以上に高まっています。

　本稿では、学校は危機管理手段として、どのような情報伝達手段や情報共有手段を確保するべきかについて、具体的事例をもとに検討していきたいと思います。

防災無線のメリット・デメリット

　地方に行って危機管理の際の情報伝達についてお話しすると、「この地域では防災無線が完備してあるから災害時の連絡は万全」と言う方がしばしばいます。確かに、「津波が襲ってくる」など、一刻を争う情報を集落全員に周知させるには防災無線は大変有効です。その一方で防災無線には大きな欠点もあります。防災無線は情報を一方向に流すことしかできません。児童生徒や家族の安否や被災状況などの情報を受け取ることはできないのです。それが1つ目の欠点です。もう1つは、情報の受け取り手に合わせたきめ細かい情報を流すことができない、という点です。

　つまり、集落全体を襲うような大規模な危機に即応する初動の情報伝達手段としては、防災無線は優れているけれども、きめ細かい双方向的な情報手段が必要となる場面では別の情報手段を考えなければいけないということになります。

機能しなくなった電話連絡網から
メール連絡網へ

　保護者への情報伝達手段として従来から用いられてきたのは電話連絡網でした。インターネットと異なり、ほぼすべての世帯が電話を保有しているので公平性という観点からも電話は優れた情報伝達法でした。しかし、近年、共働き世帯が増加したことによって、固定電話の連絡網がなかなか思うように機能しない、という声を都市部・地方を問わずにしばしば聞きます。固定電話を持たない若い家庭も増えつつあります。しかも今回の地震に限らず、災害時に最初に伝達方法として使えなくなるのは固定電話や携帯電話なのです。

　学校の安心・安全を守るには、防災無線や電話連絡網、あるいは紙による文書配布といった伝統的な方法以外の情報伝達手段についても検討すべきだといえるでしょう。

　今回の地震では、比較的最後まで通信手段として残ったのがインターネットでした。インターネットは、1960年代にアメリカ国防総省によって考案されましたが、情報を小包（パケット）化するとともに、いくつかの中継局が何らかの理由で遮断されても最後まで通信手段が確保されるような分散型ネットワークとして設計されています。こうしたインターネットの特性を正しく理解して、安心・安全な学校づくりに活かしていくことが、教育委員会や学校には求められているといえるでしょう。

　インターネットを用いた通信の形態には様々なものがありますが、その中で代表的なものにメールとウェブがあります。

近年、電話による連絡網の代わりに、携帯電話やパソコンのメールを利用した「メール連絡網」を導入する自治体が急増しています。保護者がメールアドレスを自分で登録し、そのアドレスに対して、学校からのお知らせを一斉に配信するシステムです。電話連絡網では、最後の人まで連絡が回るまで何時間もかかることがある上、電話をかけるのは、はばかられる時間帯もあります。今回の震災では計画停電が実施されましたが、学校が停電地域に含まれるかどうかが判るのは、決まって夜中から明け方のことでした。メール連絡網を導入した学校や自治体では、時間を気にせずに休校のお知らせを保護者に一斉配信することができました。一方で、電話連絡網しか情報伝達手段がない学校では、非常識を承知で夜中に電話をかけるか、校門に張り紙を出すことで休校を知らせるか、二者択一を迫られたのです。

きめ細かな対応が可能なCMSでつくる学校ウェブサイト

メール連絡網と並んで危機管理に非常に効果的なのがCMSで構築された学校ウェブサイトです。CMSはコンテンツ・マネージメント・システムの略で、文書や写真、動画などの情報（コンテンツ）を整理・管理（マネージメント）してウェブページとして表示することを支援するソフトウェアの総称です。今、盛んに使われているウィキペディアやブログの多くもCMSで構築されています。

国立情報学研究所では学校や公共機関向けのCMS、NetCommons（ネットコモンズ）を開発し、2005年から無償で公開しています。これまで、鳥取県、埼玉県、京都府、神戸市、前橋市など多くの教育委員会・教育センターが一斉導入するなど全国2500以上の教育機関でウェブサイトを構築するソフトウェアとして利用されています。今回の震災では、本書でご紹介している文部科学省「東日本大震災 子どもの学び支援ポータルサイト」（http://manabishien.mext.go.jp/）、また国立教育政策研究所が「みんなでつくる被災地学校運営支援サイト」（http://www.hisaichi-gakkoushien.nier.go.jp/）をNetCommonsで構築し、話題になりました。

CMSは一太郎やホームページビルダーのように自分のパソコンにインストールして使うソフトウェアではありません。ウェブページをインターネットに公開するためのサーバー（ウェブサーバー）にインストールして利用するソフトウェアです。サーバーにインストールする作業には専門的な知識が必要ですが、そこがクリアされれば、ウェブページを編集するのには、ウェブ閲覧ソフト（IEやFirefox）以外には特別な道具は何も必要ありません。多くの主婦、小学生やお年寄りが自分のブログを開設していることからわかるように、特別なトレーニングを受けたり、マニュアルを熟読したりしなくても、キーボード操作さえできれば短時間で使い方をマスターできるのがCMSの特長です。

ウェブにはもともと、文書の他に画像やファイル、動画などを添付し、それをウェブページとしてレイアウトして他の人々と共有する仕組みが備わっています。CMSには過去の情報も含めて自動的に整理し、検索可能な形でウェブサイトを構築する仕組みが備わっていますから、きめ細かい多様な情報をわかりやすく整理して即時伝達するのに大変適しているのです。

表：各情報伝達手段の比較

	即時性	災害への強さ	情報のきめ細かさ	情報の整理	双方向性
防災無線	◎	○	×	×	×
電話連絡網	×	×	△	×	△
メール連絡網	○	△	△	×	×
CMSウェブサイト	△※	△※2	◎	◎	○

※メール配信と連動していれば○、そうでなければ△
※2 クラウドを活用して冗長化がほどこされたデータセンターを利用している場合には○（さらに携帯電話対応のCMSならば◎）、そうでない場合には×。

第4章　見えない絆となる安心・安全な情報基盤として使う

　危機管理の鉄則は「現在の少しの投資があとのコストを大幅に下げる」です。本書でご紹介している潮来第一中学校や神戸市の教育委員会は、「従来のホームページからCMSに移行する」という小さな投資で、後のコストを大幅に下げることに成功したといえるでしょう。

小予算で最先端の情報環境を整備するには

　学校は、災害時等の緊急時に、児童生徒・保護者・教員に対して、迅速かつ的確に情報を伝達するための手段を複数備えておく必要があります。とりわけ、インターネットを用いたメール連絡網、CMSによる学校ウェブサイトを学校の情報基盤にどのように位置づけるかが、学校の危機管理にとって大変重要です。

　安心・安全を確保することが重要であることは理解していても、それを実現しようとすればコストが伴います。予算が限られている学校では、特にこの部分に不安を覚えることでしょう。

　ここでは「知恵を使って、低コストで大きな安心を手に入れる」情報基盤構築の方法をご紹介したいと思います。

「クラウドコンピューティング」とは

　「情報基盤を構築する」と言うと、大変高価なコンピュータやソフトウェアを購入しなければならないというイメージがあります。サーバー群を抱えなければならない地方公共団体や教育委員会では、その他に、サーバーのメンテナンスをするための専門技術者（システムエンジニア）を雇用する必要もありました。しかし、近年「クラウドコンピューティング」という技術が確立されてからは、こうした心配からは解放されたのです。

　「クラウドコンピューティング」とは、外部にあるサーバーの資源（CPU、ストレージ、ソフトウェア）を、インターネットを通じて利用することを意味します。利用者は、コンピュータを買うのではなく、そこから提供されるコンピュータ環境に対して対価を払います。インターネットの回線速度が高まったブロードバンド時代になったことで、このようなコンピュータの利用形態が急速に広まりました。

　当初は玉石混交だったクラウドサービスですが、次第にデータセンター施設の信頼性や電力効率といった環境性能に関して業界団体が基準を作る動きが生まれ、日本にも最高基準を満たすTier 4レベルのデータセンターが構築されるようになりました。Tier 4レベルでは、（無停電装置を設置するだけでなく）電源の供給経路を2つ以上備えるなど、システムの一部に障害が発生してもシステム全体の機能を維持し続けられるような「冗長化」が全体に施されており、大災害時であってもサービスが止まることなく動き続けることが期待できます。今回の震災を経て、企業では自社のサーバーを、こうしたデータセンターに移動させる動きが加速しています。

　このように立派な施設を借りようとしたらどれだけ法外な値段を要求されるかと思うかもしれません。しかし実態はそうではありません。情報システムは集約性を高めたほうが単位当たりのコストが安くなるからです。特に、施設費と人件費は、集約性を高めれば高めるほど割安になります。例えば、AmazonのEC2が提供しているサービスは1時間2セント（年間約1万5千円）からの値段設定になっています。

　つまり、クラウドサービスを利用すれば、教育委員会や学校が自らの敷地内に構築する設備よりはるかに災害に強く、セキュリティにも十分配慮されたサーバーの設備を低コストで手に入れることが可能になるというメリットがあるのです。

SaaSのメリット・デメリット

　クラウドサービスには、基本となるOSや基盤ソフトだけを提供するHaaS（hardware as a service）やPaaS（platform as a service）という形態と、その上に特定のソフトウェアをインストールして、ソフトウェアもサービスとして提供するSaaS（software as a service）という形態とがあります。SaaSを利用する場合、ソ

フトウェアのメンテナンスも含めて、遠隔地にあるデータセンターの専門技術者が面倒を見てくれますから、十分なノウハウがない学校や教育委員会にとってはメリットが大きいでしょう。ただし、SaaSの場合は、与えられたソフトウェアをそのまま使わなければならないため自由度が下がることやメンテナンス費用を支払うことは受け入れなければなりません。基盤サービスだけを購入するHaaSやPaaSの場合は、自由度が上がりますが、その代わり、サーバー上のソフトウェアは自分でインストールしてメンテナンスをしなければなりません。どちらがよりメリットが大きいかは、学校や教育委員会の規模、実現しようとする目的に応じて検討すべきでしょう。

栃木県のとある市の教育センターでは、2008年に市内のすべての小中学校の学校ホームページをNetCommonsによるウェブサイトに置き換えました。当初、そのウェブサーバーは教育センター内に置かれていましたが、その後SaaSによるNetCommonsサービスの購入へと切り替えました。メンテナンスコストを比較した際に、SaaSの方が割安になるから、というのがその理由だと聞いています。

定評あるオープンソースソフトウェアの活用を

情報基盤構築において費用を圧縮するために必要となるのが、どのようなソフトウェアを利用するか、ということです。家庭や職場で使うパソコンは出荷の際に、既に必要なOS（オペレーティングシステム：WindowsやUNIX（Mac）、Linux等）とオフィス系のソフトウェアやブラウザなどがインストールされた状態で販売されています。しかし、メールサーバーやウェブサーバーとして利用するためのサーバーはそうではありません。目的によってOSやデータベース、プログラム言語などのソフトウェアを自らの判断でインストールする必要があります。その際、まず問題となるのが、商用のソフトウェアを用いるか、それともオープンソースのソフトウェアを用いるか、ということでしょう。

オープンソースソフトウェア（OSS）とは、プログラムの内容（ソースコード）が公開されているソフトウェアで、誰もが自由にそのプログラムを無償で手に入れ、修正し、利用することができます。技術的に中立で、特定の製品に依存せずに動作します。

普通に考えると、有償と無償があるのならば、有償のほうが、性能が高くて、安全性が高いように思えます。ところが、コンピュータの世界ではその常識は成り立ちません。多くのIT企業が利用しなければならないような共通基盤となるようなプログラムは、一社が独占してユーザが利用料を払うよりも、全員の共通財産とし、それぞれの企業がプログラムのメンテナンスに参加して間接的に人件費を支払うことによってメンテナンスし、その代わりに利用料をタダにしたほうが効率がよいからです。そういう意味でOSSはボランティア活動とは意味合いが違います。OSSの開発に直接たずさわったり、巨額の寄付を行っている企業は、企業活動の一環としてそれを行っているのです。だからこそ、名が通ったOSSの多くが有償のソフトウェアと同等の質を保持しているのです。たとえば、OSではLinux、データベースではMySQLやPostgreSQL、ウェブサーバーではApache、言語ならばPHP,Ruby,Perlなどは、定評のあるOSSとして多くの企業や個人が利用しています。2011年、山形県庁ではオフィス用ソフトウェアに、マイクロソフト系のオフィスXPに代えて、オープンオフィスというOSSを一斉導入しました。これによって、パソコン1台あたり約3万円程度経費を圧縮することに成功したと言われています。

前節で紹介しているCMS（コンテンツ・マネージメント・システム）の多くも、OSSとして提供されています。ブログサイト向けのWordPressやMovable Typeなどがよく知られています。つくば市や日野市の小中学校の学校ウェブサイトはコミュニティサイト向けのCMSであるXoopsを基盤にして構築されています。多くのCMSが

ある中でNetCommonsは日本の学校が ①学校ウェブサイトを構築する、②協調学習サイトを構築する、③教員向けグループウェアを構築する、④日本の携帯電話向けの携帯サイトを自動的に生成する、⑤インストール時に①～④を構築するために必要なツールがすべてあらかじめ同梱されている（オールインワンパッケージ）という5つの条件を満たすように設計されていることが特長です。多くのOSSが公式サイトを公開しており、そこからプログラムをダウンロードすることができます。

以上のように、たとえ予算規模が小さな教育委員会であっても、信頼性や環境性の基準を満たしたデータセンターが提供しているクラウドサービスや、定評のあるOSSを活用することで、無理なく最先端の情報環境を整えることができるのです。

「常識的な」セキュリティポリシーを策定することが鍵

ただし、それを実現するには、超えなければならないハードルがあります。それは、硬直的なセキュリティポリシーを見直すことです。

学校の情報機器の扱いや学校ホームページやメールの運用は「セキュリティポリシー」によって定められています。外部からの攻撃（サーバーへの不正侵入、改ざん、ウィルスへの感染）、災害への対応（地震、停電）、情報の漏えいなどの脅威から学校の情報システムを守るために定められたセキュリティポリシーですが、目に見えない敵への恐怖から「石橋を叩いても渡らない」硬直的なセキュリティポリシーを策定しがちになります。それが足かせになり、効果的な情報基盤作りを阻み、悪い場合には、学校の安全をかえって脅かすことさえあるのです。

例えば、少なくない数の教育委員会が、学校の情報システムは基本的に教育委員会および学校の敷地内に置くことを定めています。これは総務省が定めた「地方公共団体における情報セキュリティポリシーに関するガイドライン」の「物理的セキュリティ」を引き写したものです。しかし、これは現実的ではありません。教育委員会や学校の敷地内に、複数の電源系統が確保されている高耐震のデータセンターを設置することなど不可能だからです。

地震後、被災地の教育委員会・教育センター・学校のホームページは軒並みダウンしました。本章第3節でご紹介している岩手県の総合教育センターではメールサーバーも倒れ、しばらくメールが通じませんでした。岩手県の指導主事によれば、津波に襲われた海岸部の教育委員会のサーバー群は壊滅的で、データを復元することは難しいだろうとのことでした。直接の地震の被害が少なかった関東地方でも、教育委員会や教育センターが計画停電の範囲に含まれました。数時間以上におよぶ計画停電では、もちろん無停電装置は役に立ちません。そのため、指導主事や技術作業員が毎日数時間かけてサーバー群を立ち上げて、また数時間かけて落とすという作業を繰り返さなければなりませんでした。

もしも、サーバー群が何重にも保護されたデータセンターに置かれていたなら、データそのものは無事だったでしょうし、停電が終わればすぐに震災前と同じ情報環境に戻ることができたはずです。サーバーを敷地内に置く、あるいは県内に置くというセキュリティポリシーはかえって仇になり得るのです。

情報システムがプログラムで作られている限り「完璧」はありません。それは、通学路を100%安全にするのが不可能であるのと同じです。リスクとメリットを正しく勘案しながら、その時々の技術の範囲内で「常識的な」セキュリティポリシーを策定することが重要だといえるでしょう。他の情報システムとの比較で言うならば、クレジットカード番号など高度な個人情報をやりとりするオンラインショッピングやオンラインバンキングで用いられているような技術であれば十分に安全だと考えてよいでしょう。

このような判断を小さな教育委員会が行うのは荷が重い仕事でしょうから、文部科学省が専門

家のアドバイスを受けて早急にセキュリティポリシーに関するガイドラインを策定することが望まれます。

平時にもタイムリーな情報発信に使えるCMS

学校の危機管理をすることが大切であることに関しては、誰にも異論はないでしょう。その一方で、どれくらいの確率で起こるかわからない大災害への備えのために情報基盤を整備することにはためらいがあるでしょう。しかし、CMSは平時にも大変役に立つのです。

従来の学校ウェブサイトはおおよそ次のような手順で構築・運用されてきました。1) 教育委員会が域内の学校ウェブサイトを配信するため専用のウェブサーバーを教育委員会に設置する（業者作業）。2) 各学校の情報担当の先生は自分のパソコンにウェブサイト構築支援ソフトウェア（ホームページビルダーなど）をインストールする。3) ファイルをウェブサーバーに転送するためのソフトウェア（フォルダ圧縮用ソフトウェア、転送用ソフトウェア）を学校ウェブサイト更新用のパソコンにインストールする。4) 学校ウェブサイトの構成やデザインを考え、1ページずつ文書や画像をレイアウトし、必要な機能をプログラミングして作成し、フォルダにまとめる。5) 作成したページに関して、起案をし、管理職から決済を受ける。6) 学校ウェブサイト更新用のパソコンの前に移動し、4) で作成したファイルをウェブサーバーに転送する（あるいは教育委員会にCDで郵送し、教育委員会がウェブサーバーにそのファイルを転送する）。

学校の基本情報を公開するだけのウェブサイトならばこれでもかまいませんが、保護者や地域への広報サイトとしてはこれでは機能しません。まず、学校や教育委員会の特定の場所に移動しなければ学校ウェブサイトを更新できないのですから、タイムリーな情報発信ができません。特に、非常時に学校の安心・安全を守る上で大きな足かせになるでしょう。次に、美しくよく整理されたウェブサイトを作成する技能を育成するのが難しく、学校ウェブサイトを担当する教員が固定され、担当になった教員の負担が過重になるという問題があります。文部科学省からの調査によれば、年1回未満しかウェブサイトを更新していないと回答している学校が全体の15％に及んでいます。

では、CMSを導入すると学校ウェブサイト構築はどう変わるのでしょうか。NetCommonsを例にとって説明すると次のようになります。1) 教育委員会あるいは教育委員会が指定したデータセンター上のサーバーにNetCommonsをインストールする（業者作業）。2) 教員はパソコンあるいは携帯電話から学校ウェブサイトに各々のIDでアクセスする。3) 各々の権限で編集可能な箇所の情報を更新する。4) 管理職に更新部分に関する通知が届くので、内容を確認し、決済ボタンを押して決済する。

インストールなどの管理業務はそれなりの専門ノウハウが必要ですが、情報更新だけならば、ワープロやデジカメ、メールなどの基本操作ができる人ならば誰でも無理なく操作をマスターするところがCMSの最大のポイントです。ウェブサイトの基本デザインはあらかじめソフトウェアに盛り込まれているので、デザインセンスやプログラミング能力も問われません。また、インターネットに接続できるパソコンであれば、どこからでも情報を（IDとパスワードで守られた状態で）更新することができますから、タイムリーな情報更新が可能です。管理職から決済を受けてから情報が更新される承認機能がついているCMSならば、情報管理上も安心です。

バーチャル職員室としての活用（グループウェア）

2010年の補正予算によって、多くの学校で「教員一人一台パソコン」が実現されました。これまで教員は職員室にある共用パソコンや、自分のパソコンを管理職の許可を得て持ち込んで仕事をしていましたが、一人一台パソコンが実現

されたことによって、様々な文書がパソコンで作られるようになりました。そこで問題となったのが、「他の教員のパソコンで保存されている文書のうち、教員間で共有すべきものをいかにスムーズに共有するか」ということでした。

　ファイル共有用のサーバーを立てて、そこに共有すべきファイルを蓄積していく、というのも1つのアイデアでしょう。しかし、記号列（aur20110403.png）のような名前がついたファイルが数百も並んでしまうと、一体どこに何があるのかわからなくなります。それにファイルサーバーはファイルを共有するという目的のために設計されていますから、小回りが利かないのです。

　本書でご紹介した山形県教育センターでは、CMS（NetCommons）をグループウェアとして活用することで、この問題を解決しました。

　まず、NetCommonsを導入した上で、各教員にIDを発行します。管理職には決裁権限がある上位の権限が付与され、また、担当する科目や所属する委員会ごとにアクセスできるページ（ルーム）に制限を設けます。その上で、ファイル共有用の［キャビネット］を目的ごとに設置し、フォルダを切って、その中に共有すべきファイルを格納します。たとえば、届出書の標準フォーマット、月・年の行事予定表、職員室の座席表などです。

　共有すべきなのは、ファイルだけではありませんでした。例えば、各教員の出張予定。これまで、出張予定は職員室の黒板に書き込んでいましたが、今週の出張予定がわかっても、その後の予定がわからないので、長期の予定を立てるのが困難でした。あるいは、特別教室や備品の予約。これも黒板で管理していましたが、特別教室や備品が増えるに従って黒板の行が足りなくなり、混乱のもとになっていたのです。

　これをNetCommonsに搭載されている【カレンダー】や【施設予約】の機能を使って、ウェブ上で行事予定、各教員の出張予定、特別教室や備品の予約をすることで、黒板という物理的な制約による問題を解決しました。これによって、特別教室の重複予約はなくなり、委員会の日程調整も容易になりました。

　また、震災後、福島県教育センターにおいては、センターのウェブサイト用に導入していたNetCommonsに急遽グループウェアの機能を持たせ、東日本大震災および原発事故で被災し自校での教育活動が行えない学校に対して提供しました。これにより、県内各地に分散している教職員の連絡・コミュニケーションを図っているそうです。

　このように、平時にCMS、特に携帯電話対応しているCMSを導入しておけば、万が一の災害のときに、それをグループウェアに転用することができるのです。その際にうまく情報共有ツールとして機能させるためにも、平時から教員全員が「日に一回以上ウェブサイトを見る」、「おおよその使い方を全員が心得ている」ことが大切です。

全員参加の学校ウェブサイト

　CMSによる学校ウェブサイトでは、情報担当教員だけでなく、図書館司書や管理栄養士を含む全教員が与えられた権限の範囲内でウェブサイト作りに安全に関わることができます。広島市立瀬野小学校のように権限管理や決済フローを明確にすれば、学校ウェブサイトの更新を児童生徒にさせることも可能です。

　また、筑西市立竹島小学校では、6年生全員が、それぞれ修学旅行で最も印象に残った場所の写真とレポートを組み合わせて、寄せ書き形式で「修学旅行ガイドブック」をまとめ、ウェブサイトに公開するなど、児童も学校のウェブサイト作りに主体的に関わる取り組みを行っています。学校の構成員として情報を発信することによって、児童の間に情報発信に対する責任感が芽生え、発信する情報を丁寧に練り上げるなど国語力に大きな向上が見られました。この試みにより、筑西市立竹島小学校は文部科学省主催第10回インターネット活用教育実践コンクールにおいて、朝日新聞社賞（学校教育部門）を受賞し

ました。

　瀬野小学校も竹島小学校も、高価なハードウェアや特殊なソフトウェアを導入したわけではありません。研究指定校でもなければ、特別な予算がついていたわけでもありません。ただ、クラウド上にサーバーを借り、CMSをインストールして、「どんな情報を学校が発信したら保護者や地域の人とより深くつながることができるだろうか」、「どうやったら情報担当教員だけでなく、全員参加で学校の本当の姿を伝えることができるだろうか」、「21世紀に必要な情報発信力を身につけさせるにはどうしたらよいだろうか」と考えたときに、自然にこのような形が生まれたのです。

修学旅行や研修旅行先からの安否情報

　修学旅行や研修旅行などで児童生徒が家庭を離れる際、児童生徒が元気に過ごしていることをどのように家庭に伝えるか、学校では様々な工夫をしていることでしょう。

　ブログやTwitterなどの公開サービスを利用する学校も一部にはあるようですが、児童生徒の詳細な情報をウェブ上に流すことにはリスクが伴います。悪意のある第三者が子どもの連れ去りを試みたり、公開された写真をコピーして転用したりするかもしれないからです。

　保護者からの要望を満たしながら、児童生徒の安全を確保するには、「保護者にしか見ることができない領域」を学校ウェブサイトの中に設定し、そこに、保護者だけに公開するより詳しい情報を掲載することで解決できます。特に、修学旅行先からタイムリーに情報を更新するには、パソコンだけでなく携帯電話からもサイトを更新できる仕組みがあれば便利です。

　埼玉県立春日部高校では、公式学校ウェブサイトの他に、IDとパスワードで守られた別サイトをCMSで構築し、保護者が学校からのお知らせをダウンロードしたり、学校アンケートに答えたり、修学旅行や進学状況を確認したりできるようにすることで、保護者のニーズに応えています。

　CMSを学校ウェブサイトに導入した学校では、一カ月あるいは一週間で、他の学校の一年分のアクセスを超えることが少なくありません。学校が提供する多様な情報を求めて、あるいは、子どもたちが元気に活動している様子を見るために、保護者や地域の人々が度々学校ウェブサイトにアクセスしてくるからです。このように日頃から、保護者や地域の学校への関心を高め、ともに子どもたちを育てる意識を醸成することが、結果的には、災害に強い学校を作り上げていくのではないでしょうか。

本コラムは、時事通信社『内外教育』に3回にわたって掲載された記事の原稿を再編集したものです（掲載記事の出典：時事通信社『内外教育』2011年05月17日　第6079号／同2011年05月20日　第6080号／同2011年05月24日　第6081号）。

第2部
NetCommonsの理解を深める

第5章　NetCommonsはなぜ生まれたか

第6章　情報管理のルールを決める

第7章　NetCommonsで「人」と「場」を設定する

第8章　ここはおさえたい！NetCommons人気モジュール

NetCommonsはコンテンツ・マネージメント・システム（CMS）なのか、コミュニティウェアなのか、はたまたグループウェアなのか……。NetCommonsに関する質問で最も多いのがこの内容かもしれません。

　それに答えるには「数多くのオープンソースのCMSがあるにもかかわらず、なぜNetCommonsは生まれたのか」というところから説明する必要があるでしょう。NetCommonsの最大の特長として「デジカメとワープロだけ使えれば、誰もが簡単に使いこなせる」ことがしばしば挙げられます。ですが、NetCommonsが生まれた本当の理由は、この操作性とは別のところにあるのです。

　もしも、ウェブサイトを管理者や組織に依頼された業者だけが作り上げるのであれば、そのような操作性は必要ありません。なぜなら、管理者も業者もHTMLを使いこなす技術を持っているからです。

　「直感的な操作性」を備えているということは、管理者以外の会員に「情報を持ち寄ってもらう」ことをNetCommonsが想定していることを意味します。すると、NetCommonsによって構築されたウェブサイト上には必然的にコミュニティが生まれます。

　NetCommonsが想定しているユーザは、オンラインから出発するコミュニティではなく、現実の組織から出発するコミュニティです。であれば、現実の組織を「体現するように」参加者の権限を設定しなければなりません。NetCommonsにおける「権限」に関する概念はそのようにして生まれました。

　権限の概念は、「個人情報を他の会員にどのように表示するか」、「投稿されたコンテンツを（著作権に配慮しつつ）どのように編集しうるか」、「ウェブサイトで起こりうる権利侵害をどのように防止するか」など、法令順守の問題に密接に結びついています。たいへん難しい問題ですが、どんなに小さな団体であってもウェブサイトを構築する以上避けては通れない問題でしょう。

　第2部では、ウェブの仕組みをなるべくわかりやすく解説した上で、ウェブサイトを運営する際に起こりうるさまざまな問題に触れつつ、NetCommonsの基本コンセプトである「権限」を軸に、管理系モジュールの基本概念について説明します。

　後半では、モジュールの効果的な使い方を、具体的なシーンを想定しつつ、手順を1つひとつ解説します。オンラインマニュアルを見ただけではなかなかわからない活用のコツを身につけ、NetCommonsの活用の幅を広げていただければと思います。

第5章 NetCommonsはなぜ生まれたか

1 ウェブサイトの仕組み

　NetCommonsがなぜ生まれたかのお話をする前に、ウェブサイトを公開する仕組みについて簡単におさらいしておきましょう。

　ウェブサイトを見ると、部分的に文字の色が他の部分と違い、そこをクリックすると別のサイトに移動することがありますね[1]。それはリンク（ハイパーリンク）と呼ばれる仕組みです。
　リンクには、文書の位置情報（URL）やその表示方法などの情報が埋め込まれています。特に重要なのが文書の位置を示すURLです。URLを指定することによって、インターネット上に散在する文書同士を相互に参照可能にすることができるのです。
　URLは、ちょうど住所のような形式で記述されています。
　文部科学省は、

地球/日本国/東京都/千代田区/霞が関/三丁目/2番/2号

という場所にあります。文部科学省のウェブサイトの中で、文部科学省のサイトマップは、

http://www.mext.go.jp/new_map/img/map_1.jp

という場所にあります。「www.mext.go.jp」という名前がついているウェブサーバーの中の、new_mapという区分の下、さらにimgという区分の下に、map_1.jpgという名前で格納されていることが、このURLからわかります。

---

[1] リンクだからといって文字の色が常に変わるわけではありません。

第 5 章　NetCommons はなぜ生まれたか

　情報ネットワークの世界では、人と人がコミュニケーションをするには、必ずコンピュータを間に介します。つまり、コンピュータとコンピュータの間で「おしゃべり」をさせることで、結果的に人と人がコミュニケーションをとるのです。コンピュータを代理に立てておしゃべりをするのですから、あらかじめ約束事を決めておかなければなりません。その約束事を通信プロトコルと呼びます。

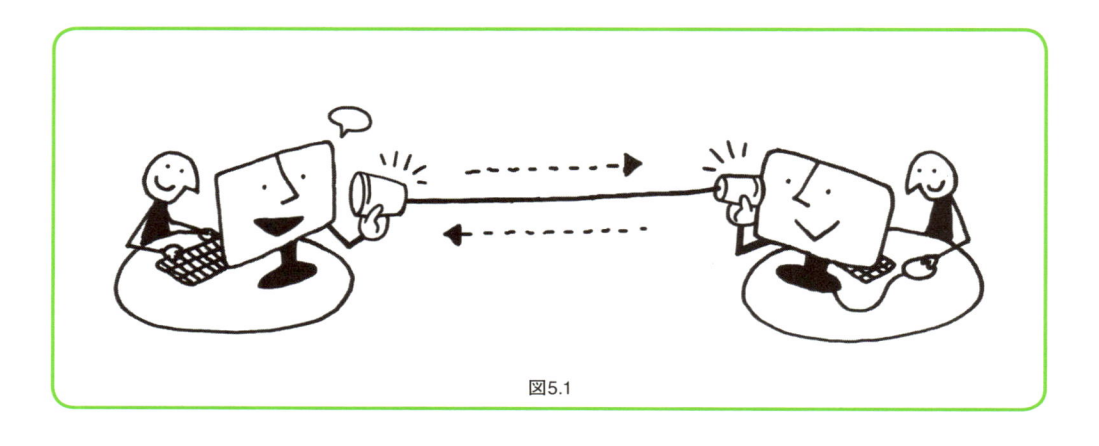

図5.1

　ウェブサイトにアクセスするときに冒頭に登場する「http://」は、プロトコルを意味します。「http://」から始まるときには、「HTTPプロトコル」です。通信の途中で傍受されないように安全を期すためには、これを暗号化した「HTTP over SSL/TLS」というプロトコルを使う場合があります[2]。ウェブサイトを運用するには、このほかに「FTP」というプロトコルを覚えておくとよいでしょう。

　ウェブサイトを開設するには、まず、コンピュータの上にウェブサーバーという仕組みを作るところから始まります。このコンピュータを公開して、ユーザに閲覧させる必要があります。広く一般の人に公開するには、インターネット上にウェブサーバーを構築します。一方、職場の中など閉じたグループだけに公開したい場合には、イントラネットの上に構築します。

　ウェブサイトを公開するには、構築したウェブサーバーの特定のディレクトリの下に、公開したいドキュメントを置きます。多くのウェブページは、ウェブページを表現するための特別な言語であるHTML（あるいはXML, XHTML）で書かれたプログラムと、そのウェブページに埋め込むための画像や動画などのファイルで構成されています。

---

[2] 例えば、ログイン画面からIDとパスワードを送信する際に、HTTPSを用いることで、通信の安全性が高められると考えられます。

1. ウェブサイトの仕組み

では、どのようにしてこれらのファイルをウェブサーバーに登録すればよいのでしょう。

1つ目の方法は、構築したウェブサーバー（をインストールしたコンピュータ）の前に座って、直接その上でファイルを作る方法です。1990年代にはそういう牧歌的な運用もありました。ですが、今では、サーバーを安全に運用するために、サーバー類は一定の基準を満たすデータセンターなどに保管されて運用されています。

2つ目の方法は、ウェブサーバーをインストールしたコンピュータが信頼した特定のIDでアクセスしたときだけ、ファイルを登録できるようにする方法です。主として、FTPとよばれるプロトコルでサーバーにアクセスして、ファイルをウェブサーバーに登録します[3]。

3つ目の方法は、ウェブサーバー自身にファイルを登録させる仕組みです。「ウェブサーバーは人間じゃないのに、どうやってファイルを登録させるの？」と不思議に思われたかもしれません。実はNetCommonsは、3つ目の仕組みを使ってサイトを構築しているのです。

ログイン時の情報のやりとりを例にとってこれを説明しましょう。ユーザはHTTPプロトコル、つまり、ブラウザでサイトを閲覧している状態でNetCommonsにアクセスします。このとき、ユーザとの間で情報を送受信しているのがウェブサーバーです。

▲図5.2：ログイン画面

ログイン画面が表示されたとき、ユーザはここにIDとパスワードを記入します。その情報はやはりHTTPプロトコルでウェブサーバーに送信されます。ウェブサーバーはそれをNetCommonsに渡します。NetCommonsはその情報をデータベースに送り、送られてきたIDとパスワードの組に該当するユーザがいるか、その人はどのような権限があるかを調べた上で、「どのような画面を表示するか」を決定して、ウェブサーバーに送り返します。ウェブサーバーはその判断に基

---

[3] NetCommonsを使うためには、まずはNetCommonsというプログラムをウェブサーバーに登録しなければなりません。このときもFTPプロトコルが使われます。

図5.3

づいてユーザに情報を送るのです。このとき、ウェブサーバーのディレクトリやデータベースに実際に「書きこんで」いるのは、ユーザではなくNetCommonsの判断を信頼したウェブサーバー自身だということになります。

　現在、私たちが目にするウェブサイトの多くが、3番目の仕組みを利用しています。ソーシャルネットワーキングサービス（SNS）の大手である、TwitterやFacebook、ブログサービスはもとより、Google検索やニュースサイト、路線検索などのウェブサービスのほとんどすべてが3つ目の方法を採用しています。
　なぜ3つ目の方法が主流になったのでしょう。
　それは、FTPでファイルを登録する場合、それがどのようにウェブ上で表現されているかを確認するには別途ブラウザでアクセスして確認する以外に手段がなく、即時性が欠けるためです。また、FTPで誰がどのようにウェブサーバーにアクセスできるかは、そのウェブサーバーがインストールされている元のコンピュータに別の方法でアクセスして設定を変更しなければならず、柔軟性が著しく低いのです。これが、FTPによるウェブサイトは情報共有サイト、あるいは安心・安全の基盤にはなり得ないという理由です。

　ウェブサイトの構築方法の主流が、3つ目の方法に動いたことによって、ウェブの世界は大きく変化しはじめました。

　ウェブの黎明期である1990年代から2000年初めごろまで、学校の「ホームページ」あるいは企業の「公式ウェブサイト」といえば、団体の情報発信（広報）を目的としたウェブサイトのことでした。つまり、広報誌やパンフレットのウェブ版です。このとき、情報が流れる仕組みは、団

体からユーザへ、という一方向に過ぎませんでした。

　HTTPを通じてウェブサイトの情報を書き換えられるという即時性は、やがてウェブの上でユーザが情報共有をするという新しいニーズを生み出し、ウェブ上にコミュニティが出現したのです。電子掲示板やチャットを中心に据えたコミュニティウェアや、会員間の情報共有の場を提供するSNSが盛んに登場したのもそのころです。

　送り手と受け手が流動化し誰もがウェブを通して情報を発信できるウェブ2.0時代に突入したのです。

2 コンテンツ・マネージメント・システム（CMS）、グループウェア、ラーニング・マネージメント・システム（LMS）

　FTPプロトコルを用いてウェブサイトを構築していたウェブ1.0時代には、情報を発信する人の数は一人か二人に限定されていました。ですから、そこに蓄積される情報量はたかが知れていました。

　けれども、数百、場合によっては数万の人が情報をやりとりし始めると、ウェブサーバーに蓄積される情報はとてつもない量になります。もはや人間が目でみて整理ができる限界を超えるようになったのです。そこで必要になったのが、コンテンツ・マネージメント・システム（CMS）です。

　「主婦でもお年寄りでも小学生でもウェブサイトを公開できるシステム」として一世を風靡したブログ（ウェブログ）システムでは、「管理者」は記事に対して、タイトルやカテゴリーを付けることができ、記事登録日時などに応じて整理、分類できる構造になっています。CMSは、ウェブ2.0的なウェブサイトに登録された情報を自動的に整理するという意味で非常に優れたシステムなのです。

　コンテンツをどのように管理し、整理するかということに軸足を置いたのがCMSとするならば、即時に"多対多"のコミュニケーションができるということに着目して作られたのが、コミュニティウェアやグループウェアでした。

　XOOPSは日本が誇るコミュニティウェアの代表格でしょうし、サイボウズOfficeは今でも企業で最も使われている有償グループウェアの1つです。

　コミュニティウェアは、ゆるやかなオンラインコミュニティを構築し、しかもそこでやりとりされるコミュニケーション自体をコンテンツとして提供することを目的に構築されました。コミュニティウェアといえば電子掲示板を連想するのはそのためでしょう。コミュニティウェアには、「管理者」が提供した場に会員が参加し、フラットなコミュニケーションを行い、それを非会員も含めた社会全体に提供するタイプ（XOOPSなど）と、会員同士がバーチャルな場で知り合い、関心ごとに自発的にサークルを作るソーシャルネットワーキングを支援するタイプ（OpenPNEなど）の2つのタイプにやがて分化していきました。

　ゆるやかなオンラインコミュニティ向けのコミュニティウェアに対し、グループウェアは上下関係が比較的明確な組織における情報共有を促進することに主眼を置いて開発されています。グ

2. コンテンツ・マネージメント・システム、グループウェア、ラーニング・マネージメント・システム

ループウェアの目的は、あくまでも組織内の情報共有です。イントラネットの上に構築するか、インターネットの上で構築されたとしても ID を持たない非会員に対しては情報を提供しないのはそのためです。

グループウェア的なソフトウェアでありながら、オンラインで教育を提供し、さらにユーザの学習進度を管理するためのソフトウェアは、ラーニング・マネージメント・システム（LMS）と呼ばれます。

表5.1：NetCommons 以外の代表的なウェブアプリケーション

システムの分類	
CMS	MovableType, WordPress, eZPublish など
コミュニティウェア	XOOPS, OpenPNE など
グループウェア	OpenERP, サイボウズ Office（有償）など
LMS	Moodle、Blackboard（有償）など

3 NetCommonsはなぜ生まれたか

　NetCommonsは2001年に最初のバージョンが開発され、2005年にはオープンソース版が公開されました。その後、2008年には現在のNetCommonsの元となるNetCommons 2.0が公開されています。
　多くのCMSやグループウェアがあるにもかかわらずNetCommonsが公開されたのはなぜでしょう。そこにNetCommonsをより深く理解するためのカギがあります。

　NetCommonsが想定した最初のユーザは教育機関と非営利団体（NPO）でした。この2つのカテゴリーの組織にはある特徴があります。この特徴について、学校を例にとって具体的に説明しましょう。
　学校の公式ウェブサイトは「学校」という存在を広報するメディアです。では、学校は何を広報したいのでしょうか。学校の沿革や所在情報、校長先生の挨拶などのコンテンツが真っ先に思い浮かびます。が、良く考えると、コストをかけてそんなことを「広報」してみても、学校にとって大きなメリットはありません。

　では、学校が本当に広報したいことはなんでしょう。
　それは、これまで学校が行ってきた様々な広報活動を分析してみるとよくわかります。学校は工夫をこらした学級通信や学校通信を発行してきました。そこには可愛らしいイラストや、子どもたちの作文や図工の作品、子どもたちが可愛がっているうさぎの様子、主事さんが植えたチューリップがきれいに咲きそろったこと、などの話題であふれています。
　つまり、学校が本当に広報したいのは「この学校はとてもステキな学校です。先生たちはとても面倒見がよく、なにしろ教育熱心です。生徒はみないきいきと学んでいます。地域の拠点としても大きな役割を果たしています」ということなのです。ただし、それは生徒がそれぞれ勝手に情報を発信したり、学校で起こったすべてのことを編集せずに公開したりすることでは達成されません。ですが、「生徒はいきいきしています」とか「先生は教育熱心です」と抽象的に書いただけでは、そのことに目を留めてくれる人はありません。そのことを学校は経験的によく知っているのです。
　本当にいきいきした情報は生徒の作文や活動の写真などに宿っていますし、先生が本当に教

3. NetCommonsはなぜ生まれたか

育熱心かどうかは、その先生本人から語られることで初めて伝わるものです。

ここに、学校の担い手である先生や生徒たち、あるいは保護者が直接記事を書くことの必然性が生まれます。ただし、それらの情報発信は、コミュニティサイトとは異なり、学校のポリシーの下で、ある程度管理された状態で行われる必要があるのです。

NPOの場合も事情は同じです。多くの場合、NPOは活動上ボランティアを必要とします。数多くあるNPOの中で、あるNPOを選んで参加しようと考えてもらうには、そのNPOが社会的に意義のある活動をしているという実績や主張だけでなく、「いきいきと」活動している様子がウェブサイトから伝わる必要があります。

このニーズに沿って設計されたのが、NetCommonsのパブリックスペースです。

パブリックスペースに設置された、日誌や汎用データベースには、「どのような権限の人が記事を投稿できるか」ということをモジュールごとにコントロールする機能がついています。また、投稿された記事は即時公開するのではなく、「ルーム」を管理している「主担」の決済を経て初め

▲図5.4：瀬野小学校のサイト画面

て公開する機能もついています。広島市立瀬野小学校（第1章第1節参照）が安心して、教諭や栄養士さん、さらにはPTAの担当者に記事を投稿してもらえるのは、そのようなコントロール機能がNetCommonsに搭載されているからです。こうして集められたコンテンツからは、まさに生徒が生き生きしていること、先生方が面倒見がよいこと、栄養士さんが子どもたちの健康に日々気を配ってくれていることが感じられることでしょう。

　一方、学校の中に入ると、それは1つの組織でもあります。組織内で情報共有をする際に必要となるのがグループウェアですが、ここでも学校と企業では異なる事情があったのです。
　学校では、先生たちは職員会議を開いたり、委員会活動をしたりするでしょう。サイボウズなどのグループウェアは、このような業務上の情報共有が促進されるように設計されています。山形県教育センター（第2章第1節参照）や埼玉県立総合教育センター（第2章第3節参照）の実践は、NetCommonsのグループスペースをグループウェアとして活用することができることを示しています。
　ところが、学校には他の組織とは決定的に違う面があるのです。
　それは、学校という組織には生徒そして保護者も構成要員として関わっているということです。
　学校は、広く社会に「この学校はステキですよ」と広報する以外に、保護者に対してあるいは生徒に対してだけ伝えたい情報があります。それは、パブリックなスペースでは実現することができません。
　たとえば、修学旅行での生徒の様子。保護者は生徒の詳しい様子をテキストだけでなく写真で知りたがることでしょう。けれども、生徒の安全確保のためには、現在の生徒の様子を詳しく伝えるような情報を公開するのは考えものです。そういうときに、保護者だけがアクセスできるグループルームを構築し、そこで保護者だけに情報を公開するのであれば、リスクを回避することができるでしょう。
　あるいは、学校の最も主要な機能は生徒に対して教育を提供するということです。学校ではe-ラーニングによって単位を出したりする大学とは違い、基本的には対面で教育を行います。先生たちは、生徒の顔を直接見て、学習が進んでいるかどうかを把握しますから、大学向けのe-ラーニングシステムは学校にとっては過剰性能です。
　学校にとって必要なのは、通常の授業を補完してくれるようなツールです。たとえば、授業の資料をダウンロードできるとか、定期試験前に確認テストができるとか、レポートをオンラインで提出できるといった機能です。加えて、生徒へのICT教育をほどこす場として活用したいというニーズもあるでしょう。深谷市立上柴東小学校（第3章第1節参照）の実践は、後者の好例です。

3. NetCommonsはなぜ生まれたか

　このように、オンラインコミュニティとも企業とも異なる、教育機関とNPOという独特の組織のニーズに合わせて、CMS、グループウェアそしてLMSの良いところをブレンドして構築されたのがNetCommonsというソフトウェアだといえます。

　NetCommonsを導入すると大きなメリットがあるのは主に次のような場合でしょう。
・ 組織のアピールポイントが、商品や具体的なサービスではなく、組織自体の「良さ」である場合
・ 組織の情報発信に関する役割分担のルールがあり、それに基づいて情報発信の権限を分担したい場合
・ 組織の境界領域に含まれる関係者（保護者やボランティア）を巻き込むことで組織を活性化したり業務を改善したりする必要がある場合
・ 現実の組織内の情報共有を進めて組織の質を高めたい場合
・ 以上のような組織から、組織活性に関してコンサルティングを依頼された場合

　もしも、あなたが「きれいに整理されたステキなウェブサイトを短期間で構築するように」と依頼を受けたウェブ業者さんならば、他のCMSを検討してみることをお勧めします。あるいは、組織化を必要としていないオンラインコミュニティを構築したいと考えているならば、XOOPSやOpenPNEなど他のコミュニティウェアも視野に入れて検討することをお勧めします。
　けれども、あなたが、先ほどの条件のどれかに当てはまるのならば、NetCommonsをぜひお勧めしたいのです。きっとあなたの組織は広報紙や電話やウェブ1.0時代には想像もできなかった、新しい情報発信や情報共有の手段を手に入れることができることでしょう。

第6章 情報管理のルールを決める

1 「情報」の「管理」とは？

みなさんの周りにあるいろいろな組織を観察してみましょう。

学校もあれば、地域の図書館もあります。企業もあれば、同好の士から成るサークル活動もあります。

組織には様々な特徴があります。その中でも、NetCommonsは組織における「情報」に関係するソフトウェアですから、NetCommonsを使う前に、その組織の「情報」に関するルールについて整理をしておく必要があるでしょう。

「情報」といえば「コンピュータ」を連想する人は少なくありません。ですが、手書きで書かれているか、口頭で発表されているか、あるいはデジタルデータとして表現されているかで本質的な違いはありません。わら半紙に刷られた学級通信の内容も情報ですし、学習成果発表会での発表内容も情報です。そして、NetCommons上に蓄積され、ユーザに対して発信されるあらゆるデータもまた情報です。

NetCommonsに蓄積される情報には大別して2つの種類があります。

1つは、会員の個人情報です。

NetCommonsの上で構築されるのは、匿名ではない会員制のオンラインコミュニティです。学会や学校でも、登録の際に会員の住所や名前などを記入してもらうでしょう。NetCommonsもそれと同じように、登録時に、会員の個人情報を記入させます。ただし、どんな項目を記入させるかは、コミュニティの目的によって変わってきます。

NetCommonsを利用させる上でどうしても必要な情報は、ハンドル・ID・パスワードの3つだけです。この組み合わせだけであれば、現実世界で「個人」を特定することはできませんから、個人情報にはなりません。

ですが、さらに名前・メールアドレス・所属などを記入させるとすれば、それは非常に重い個

1.「情報」の「管理」とは？

人情報となります。まずは、NetCommonsでどのような個人情報を登録させるか、そして、その情報を誰にどのように見せるか、さらには編集させるかをポリシーとして決めなければなりません。これがNetCommonsを導入しようとする組織が最初に考えるべきことです。

個人情報以外に、NetCommonsにはテキスト文、文書ファイルや画像、動画などのファイルを蓄積することができます。これらの内容もやはり情報です。個人情報と区別するために、これらをまとめて非個人情報と呼ぶことにしましょう。

学校の広報用のパンフレットに書かれているような情報であれば、できるだけ広い範囲に低コストで配布できたほうがよいでしょう。一方、職員会議で配布する資料は、生徒や保護者、ましては広く社会に公開しようとは思わないことでしょう。つまり、非個人情報に関しても、誰に見せるか、さらには編集させるかのルールを決める必要があるのです。

一般に「情報管理ポリシー」と呼ばれるものには、この情報管理のルールと、そのルールが破られないようなシステム的な対策の2つがセットになっています。

たとえば、「生徒の成績は、校長・副校長などの管理職のほかは、担任の先生と学年主任の先生、本人とその保護者しか閲覧できない。書き込みができるのは、管理職以外は担任の先生だけである。修正の権限があるのは校長・副校長だけである」と定めるとしたら、これは情報管理のルールです。一方、「成績管理用のシステムはネットワークから遮断された指定のコンピュータにしか置くことを許可しない」と定めるのは、さきほどのルールが破られないように考案されたシステム的な対策だといえるでしょう。

情報管理のルールがなるべく破られないような適切なシステム的な対策とは何か、ということは、情報技術の発達によって、日々変化します。その技術動向についての紹介は他の本に譲ることにして、本書では情報管理のルールをどのように決め、それをNetCommonsでどのように実現するかについてお話しすることにしましょう。

情報管理ポリシーでは次の2つを区別して考えよう。
・情報管理のルール
・情報管理のルールが破られないためのシステム上の対策

第6章　情報管理のルールを決める

2　NetCommonsにおける権限の考え方

　情報には個人情報と非個人情報の2種類がありますから、NetCommonsの上でも、その異なるタイプの情報へのアクセスをコントロールするために2つの権限概念を導入しています。
　個人情報に対して、どのようにアクセスさせるかは「ベース権限」でコントロールされます。
　一方、非個人情報へのアクセス権は「ルーム内権限（権限）」でコントロールします。

　会員情報画面に表示される権限は権限管理で登録されている権限になります（第7章第3節参照）。

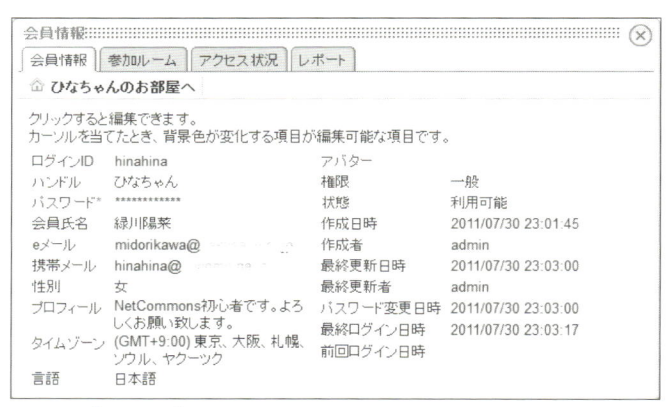

▲図6.1：【会員情報】における登録内容の確認および設定画面

　一方、ルーム管理で表示される各ルーム内での「権限」はルーム内権限です。

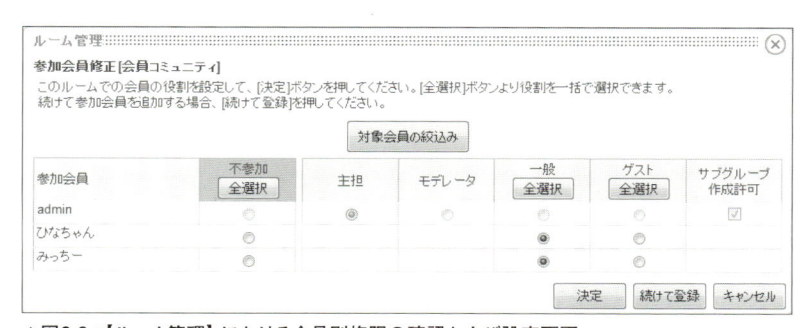

▲図6.2：【ルーム管理】における会員別権限の確認および設定画面

3 ベース権限の考え方

　NetCommonsには「管理者」、「主担」、「モデレータ」、「一般」、「ゲスト」という5つのベース権限があります。5つの基本権限をベースに、特定の機能の利用を追加したり制限したりすることで、新たに権限を設定することができます（第7章第3節【権限管理】参照）。
　デフォルト設定では、サンプルとして、この5つの権限から派生した「システム管理者」、「事務局」という2つの権限が設定されています。

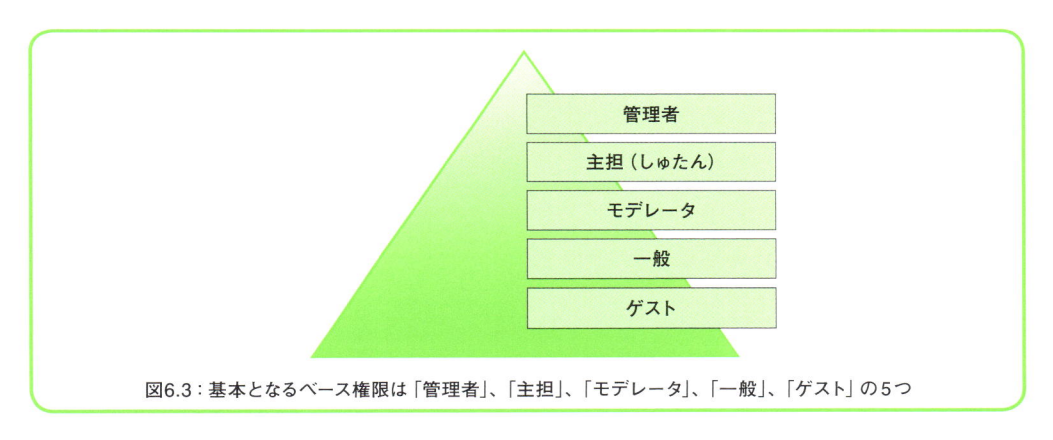

図6.3：基本となるベース権限は「管理者」、「主担」、「モデレータ」、「一般」、「ゲスト」の5つ

　各ベース権限で、システム上のどのような情報を「閲覧」、「編集」できるかについては、【個人情報管理】、【権限管理】という2つのモジュールで管理をします（第7章第1節および第3節【個人情報管理】、【権限管理】参照）。
　あらかじめ考えておいたサイトの個人情報の取り扱いルールに応じて、適切な初期設定を行うとともに、変更時にも設定ミスが起こらないよう十分な注意を払いましょう。また、【会員管理】で会員に登録時に記入させる項目を追加（第7章第2節【会員管理】参照）するときには、その項目が各ベース権限の会員にどのように見えるかについて、【個人情報管理】で確認する必要があります。
　「管理者」は、その名のとおりNetCommonsというシステム全体の管理者です。組織全体の最高責任者および、その最高責任者から業務としてNetCommonsの管理をゆだねられている特定の個人だけに管理者権限を与えるようにしましょう。
　「主担」権限を与えるのは組織の部長クラスだと考えるとわかりやすいでしょう。

「モデレータ」は「主担」の補佐をする役割です。サイトの参加者は「一般」、サイト内のいくつかのルームを閲覧するだけの人は「ゲスト」です。

デフォルト設定では、NetCommonsの最も多いユーザである学校が運用をすることを前提として【個人情報管理】、【権限管理】の初期設定を行っています。会員氏名やメールアドレスなどを「主担」や「モデレータ」などには公開したくない一般コミュニティサイトでは、組織の個人情報管理のルールに合わせて【個人情報管理】や【権限管理】の設定を適宜修正してください。

3.1 「管理者」

NetCommonsで構築したサイトの組織・コンテンツの管理、そしてソフトウェアとしてのNetCommonsの管理を行う最高責任者です。

システム上に存在するあらゆる情報を閲覧し、修正を加えることができます。またサイト内のあらゆるページについて、レイアウトを変更したり、新しいモジュールを追加したりするなどのコンテンツ管理の権限も持っています。

個人情報流出防止およびセキュリティの観点から「管理者」は1～2名で運用することをお勧めします。また、セキュリティ上の理由から「管理者」は携帯端末からはサイトにログインできないことがあります。

日常業務での誤操作を防ぐ目的から、NetCommonsでは、「管理者」が本来使うことができるモジュールのうち、「システムコントロールモジュール」（【個人情報管理】・【権限管理】・【システム管理】・【モジュール管理】・【携帯管理】・【セキュリティ管理】・【サイト共有設定】）は表示しないようにしています。システムコントロールモジュールも使うことができる管理者には「システム管理者」という名前をつけ、「管理者」とは区別しています。ただし、この区別は本質的なものではありません。

NetCommonsをインストールしたときに登録される、最初のユーザはシステムコントロールモジュールも含めてすべての管理系モジュールを使うことができます。このユーザの権限は変更することはできませんし、他のユーザが削除したり編集したりすることもできません。

3.2 「主担」

「主担」には2つの意味が込められています。1つは、NetCommonsで構築したオンラインコミュニティの最高責任者を補佐しつつ、限定された権限の中でオンラインコミュニティという組織を管理するというマネージャーとしての意味です。

ベース権限を「主担」として登録する、というのは、前者を意味します。つまり、自分が直接

管理を任せられているルームのコンテンツ管理に留まらず、システム管理者を補佐してコミュニティ全体の運用に関わるという立場です。

　NetCommons内のルームでは、一般の参加者も【掲示板】や【日誌】、【キャビネット】等を通じてコンテンツを公開することができます。また、これらのモジュールを通じてコミュニケーションを交わします。中には、望ましくない行動をとる参加者が現れるかもしれません。また、参加者間のトラブルを調停しなければならない可能性もあります。

　　たとえば、A先生に学校の保護者向けのルームの管理がゆだねられたとしましょう。そのルーム内で、ハンドル名「user1」さんと「user2」さんが対立し、看過できない状況に陥ったとします。このとき、ネット上ではなく、二人の話を聞いて調停したいと思うのが自然です。けれども、A先生が知りえる情報が「user1」、「user2」というハンドルだけだとすると、ネットの場以外での調停は困難となります。

　　このように、現実の組織やコミュニティが先にあり、そのコミュニティの情報共有を活性化する手段としてグループウェアあるいはコミュニティウェアを導入する場合には、オンラインコミュニティを管理する「主担」には、ある程度の個人情報を把握する必要が生じるのです。

「個人情報保護の観点から、誰に主担権限を与えてもよいですか？」
「どんな個人情報なら『主担』に閲覧させてもよいですか？」

という質問をたびたび受けます。組織の個人情報管理のルールによる、というのがその正しい答えだとは思いますが、次のようなことを基準にするとよいかもしれません。まずは、NetCommonsを介すことなしにその情報を「主担」は知りうるかどうか、ということです。もう1つはその情報を知ることが業務上必要かどうか、ということです。

　学校のオンラインコミュニティでルームを管理するのであれば、名前や学年さえわかれば業務に特段の支障はないでしょう。であれば、他の会員のメールアドレスを「主担」に開示する必要はありません。また、生徒の名前や学年は、NetCommonsを介さなくても、教員は知りうる情報です。だとすれば、これを「主担」として登録された教員が目にすることができたとしても個人情報の流出とはいえません。

3.3 「モデレータ」

　「主担」を補佐する権限です。ベース権限が「モデレータ」の会員がNetCommonsにログインした状態で、他の会員のハンドルをクリックすると、そこには、「モデレータ」の会員が閲覧することを許された範囲内で会員の情報が表示されます。

3.4 「一般」

　NetCommonsの各モジュールでは、投稿者が誰かということは「ハンドル」で表示します。名前と参加している団体という組み合わせは高度個人情報ですから、それが非会員に対して公開されないよう保護しているのです。

　けれども、会員にとって、どこの誰が参加しているかもわからないコミュニティで情報を共有するのはとても不安です。他にはどのような会員が参加しているかを把握したいことでしょう。

　ベース権限が「一般」の会員がNetCommonsにログインした状態で、他の会員のハンドルをクリックすると、そこには、「一般」の会員が閲覧することを許された範囲内で会員の情報が表示されます。

3.5 「ゲスト」

　NetCommonsサイトに登録はさせるけれども、情報の書き込み権限は与えず、情報を閲覧させるだけに留めたい場合があります。そのときには、ベース権限を「ゲスト」として登録します。

　ベース権限が「ゲスト」の会員がNetCommonsにログインした状態で、他の会員のハンドルをクリックすると、そこには、「ゲスト」の会員が閲覧することを許された範囲内で会員の情報が表示されます。

表6.1：権限一覧

	できること	デフォルトの設定
システム管理者	システムの最高責任者。すべての会員情報を閲覧でき、必要に応じて制限を加えることができます。ルームの新設／名称変更等の権限を持ち、全ルームの主担であり、ルームごとに運営メンバー（主担やモデレータ）を指定することができます。	システムコントロールモジュール（【個人情報管理】【権限管理】【システム管理】【モジュール管理】【携帯管理】【セキュリティ管理】【サイト共有設定】）を始め、すべて使用できます。
管理者		システムコントロールモジュールは使用できません。
主担	ルームの管理者。モジュールを活用して、自由にルームをデザインし、運営することができます。	会員管理について「会員検索」のみ使用できます。新規にルーム作成をすることはできません。HTMLタグの書き込み制限あり。
事務局		会員管理について「会員検索・会員登録・削除」を使用でき、本人のベース権限未満の会員の情報を閲覧・編集ができます。
モデレータ	主担の協力者。一般会員の投稿内容を編集することができます。	0から100までのレベルを設定することができ、これによってモデレータ間の権限の上下を設定することができます。
一般	一般会員。情報共有用のモジュールを活用して、オンラインコミュニティを形成する主体となります。	パブリックスペースでは、「ゲスト」権限となります。
ゲスト	ゲスト会員。ログインしてサイトを閲覧することはできますが、書き込むことはできません。	

3.6 特殊な設定

　個人情報保護は大変に重いルールですが、それよりも優先されるべきこともあります。
　それは人の命です。
　個人情報保護法が制定されて以降、学校は生徒や保護者の個人情報を扱うことに、かつてより一層の注意を払うようになりました。それは大変よいことです。その一方で、緊急時に生徒や保護者、あるいは教員や職員に直接連絡する方法が限定されてしまい、関係者の安全確保が著しく困難になっています。
　NetCommonsのベース権限には、万が一の際に、特定の権限のユーザが、そのベース権限未満の全会員の（登録されている）全個人情報を閲覧できるように変更するための特殊な項目が備えられています。「会員管理の使用方法」がそれです。
　通常は、会員管理の使用方法はベース権限が管理者以外では、この部分の設定は「会員検索のみ」になっています。この設定を「会員検索・会員登録・会員削除」に変更すると、そのベース権限未満の全ての会員の（登録されている）個人情報を閲覧・修正できるようになります。
　たとえば、項目として携帯メールのアドレスを必須項目にしておき、通常モードでは管理者以外はそれを閲覧できないように設定し、緊急時には「主担」の「会員管理の使用方法」を「会員検索・会員登録・会員削除」に変更すれば、「主担」は（基本的には）モデレータ以下、全ての登録会員の携帯メールアドレスを閲覧できるようになります。
　デフォルト設定では、管理者以外で「会員管理の使用方法」が「会員検索・会員登録・会員削除」になっているのは「事務局」という権限だけです。「事務局」は「管理者」から業務として会員の登録作業や削除作業を委託されている人、という位置づけです。会社でいえば人事担当者、学会でいうと事務局にこの権限が付与されることが想定されています。

4 ルームと権限について（ルーム内権限）

ウェブサイトとしてのNetCommonsは、登録された会員が書き込む「コンテンツ」によって成り立っています。コンテンツは、テキストおよび画像や動画や文書などのファイルによって構成されています。

NetCommonsは、「パブリックスペース」、「グループスペース」、「プライベートスペース」という3つの領域に分けられています。パブリックスペースは非会員であっても閲覧できるスペースです。ウェブサーバーがインターネット上に構築された場合には、広く社会に公開されます。グループスペースは登録された会員がアクセスできるスペースです。プライベートスペースにアクセスできるのは会員個人だけです。

各スペースは「ルーム」で分けられています。

パブリックスペースの各ルームは同じく非会員にも公開されますが、グループスペースの各ルームは、会員のうちでも「ルーム管理」で許可された会員しかアクセスできません。

4.1 「主担」

NetCommonsの最大の特長は、サイト全体を「管理者」が管理するのではなく、「ルーム」の主担を任命して、そのルームの管理をゆだねることができる、という点にあります。ある特定のルームの「主担」を割り当てると、そのルームのレイアウト権限（編集権限）が与えられます。「主担」は、ルームのデザインやモジュールの配置、モジュールを通じて他の会員が登録した情報など、そのルームで公開される一切のコンテンツの管理をすることができるのです。「主担」の権限がある「ルーム」内では、ページの右上に［セッティングモード］という文字が表示されます。［セッティングモード］をonにすることで「主担」はそのページ内に新しく「モジュールの追加」をしたり、レイアウトを変更したりできるのです。「主担」には管理を任されたルームに投稿されたコンテンツを削除したり編集したりする権限も与えられます。

▲図6.4：「主担」権限のあるルームで表示される［セッティングモード］

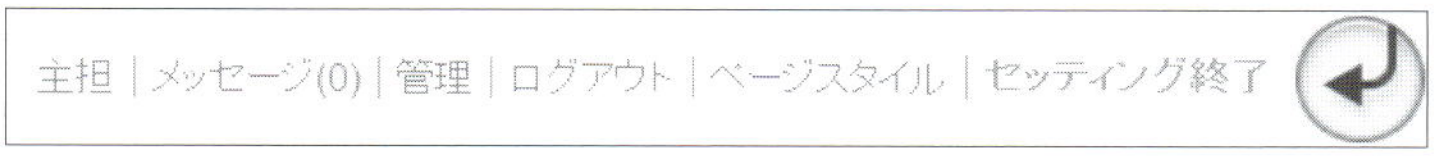

4. ルームと権限について（ルーム内権限）

▲図6.5：［セッティングモード］がONの状態

　NetCommonsが真価を発揮するのは、サイトの「ある部分」だけを他の会員に運営させたいと考えた場合です。この「ある部分」をルームで切り分け、ルームの最高責任者である「主担」権限を、別の会員に任命することができるのです。そのルームのみ担当すればよいため、「主担」を引き受ける会員にとっては負担感が少なくて済みます。

　管理者はNetCommons内のすべてのルームの「主担」です。

　ルームの「主担」になるためには、ベース権限を「一般」以上に設定する必要があります。

　ベース権限が「主担」以上であれば、特別な設定をしなくてもルーム主担に任命することができます。ベース権限が「一般」（あるいは「モデレータ」）である会員の一部にもルームの管理をゆだねたいという場合には、権限管理を使って「ルーム作成の権限」を与えます（第7章第3節【権限管理】参照）。一般会員全員にルーム作成の権限を与えると混乱を生じるでしょうから、一般権限をベース権限とした別の権限を作成するとよいでしょう。

　ルームの「主担」には、他の会員がルーム内に投稿してくる記事を編集したり削除したりする権限が与えられています。ところが、この行為の妥当性はよく考えてみる必要があります。なぜかというと、他の会員が登録した記事を勝手に編集することは著作権法上容認されない可能性があるからです。

　NetCommonsでは、システム管理というモジュールであらかじめ参加する会員にサイト上に登録した記事の扱いについて合意を得る仕組みを搭載しています。

　会員の自由意思によらず、「管理者」が会員登録を行う場合には、厳密に考えると、別途書面で合意を得ることが必要となるでしょう。これは、ウェブサイトに特有な問題でなく、学級通信や学校だよりでもまったく同様の問題が起こります。

　以下は、国立情報学研究所が運営しているResearchmapというサイトの会員規約のURLです。法律や規約には著作権がありませんので、この規約は自由に編集して、利用してかまいません。

　http://researchmap.jp/public/terms-of-service/

4.2 「モデレータ」

　ルーム内で「主担」によって「モデレータ」に任命された人は、「主担」を補佐してルームの運営にあたります。「モデレータ」にはレイアウト権限は与えられません。また、一般会員が誤った内容（タイプミスや誤変換）を投稿した場合、その記事を編集・削除することができます。ただし、「主担」や他の「モデレータ」が投稿した記事については編集・削除することはできません。

4.3 「一般」

　NetCommonsに搭載されている多くのモジュールは、会員が互いに情報提供したり情報共有したりする多人数参加型のモジュールです。たとえば、【掲示板】や【日誌】、【キャビネット】や【汎用データベース】がその代表例です。ルームに参加し、こうした情報共有を担うのが「一般」権限です。

　どの会員をどのルームに参加させるかは、「管理者」が【ルーム管理】を使って設定します（第7章第4節参照）。ルームに設置したどのモジュールに「一般」権限の人に書き込みを許可するかは、そのルーム管理者である「主担」がモジュールごとに決定します。

4.4 「ゲスト」

　ルームの中で、コンテンツを閲覧することしかできない（書き込み権限を与えられていない）会員をルームの「ゲスト」といいます。（「管理者」以外は）ベース権限に関わらず、ルーム内では、そのルームの「主担」によって与えられた権限内で活動します。たとえば、「主担」のベース権限を与えられている教務主任の先生であっても、"数学"というルーム内では「ゲスト」として参加する、ということがありえます。

第7章 NetCommonsで「人」と「場」を設定する

第5章でご紹介したようにNetCommonsには3つの機能があります。
① ウェブサイト上のコンテンツを半自動的に整理し、わかりやすく表示するCMSとしての機能
② ウェブサイトの会員同士が、情報を共有するためのコミュニティウェアやグループウェアとしての機能
③ インターネットを活用して学びを支援するLMSとしての機能

このうち、第7章では、②の機能を中心に、各団体の情報管理ポリシーに合致するようにNetCommonsを構築するための方法を説明していきます。

ただし、本書ではそのすべてに触れることはできません。また、NetCommonsのバージョンアップに伴って、機能が変わることがあります。最新の情報は、NetCommons公式サイトからダウンロードできる「管理者マニュアル」を参照してください。また、どのように情報管理ポリシーを策定すればよいかの考え方について第6章で触れましたので、参考にしてみてください。

1 【個人情報管理】

1.1 【個人情報管理】

会員はそれぞれ最初に付与された「権限」の範囲でサイトに参加します。たとえば、「管理者」ならば、サイト運営の都合上、IDやパスワードを変更することができなければ困るでしょう。グループスペースの「ルーム」の「主担」も運営上、会員の連絡先であるメールアドレスを把握できないと困るかもしれません。

このように、権限によって、他の権限の会員の情報をどの範囲で「閲覧・編集」できるようにするかを規定するのが、【個人情報管理】の役割です。

※個人情報保護の観点から、「管理者」は【個人情報管理】の設定を慎重に行うことが求められます。不用意に設定を変更すると、個人情報の流出につながるので気をつけましょう。
たとえば、「一般」の会員が他の会員の氏名やメールアドレスを閲覧できる状態にしておくと、検索画面から一気に他の会員の個人情報を取得できるようになります。

第 7 章　NetCommons で「人」と「場」を設定する

たとえば、「一般」の会員が他の会員の氏名やメールアドレスを閲覧できる状態にしておくと、検索画面から一気に他の会員の個人情報を取得できるようになります。

1.2 【個人情報管理】の詳細

【個人情報管理】は、「管理者」のみが利用できるモジュールです。個人情報管理とはAという権限（ベース権限）をもつ会員が、Bという権限をもつ会員の会員情報をどのように扱うことができるか、を規定します。

【個人情報管理】を開くと、上部に2重のタブをもつ画面が表示されます。

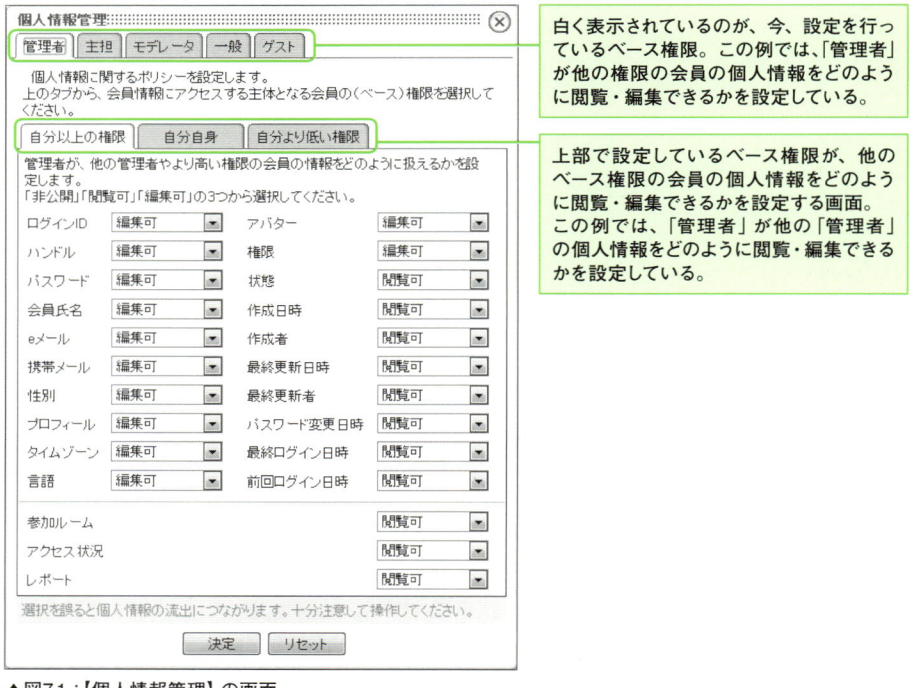

▲図7.1：【個人情報管理】の画面

上部のタブが主語となる権限を、下部のタブが目的語となる権限を意味します。たとえば、上部のタブは「主担」、下部のタブは「自分より低い権限」が選択されていたとしましょう。このとき、（ベース権限が）「主担」であるような会員が、自分より低い権限、つまり「モデレータ」・「一般」・「ゲスト」権限をもつ会員の情報を「閲覧・編集」できるかどうかを設定するための画面が表示されます。

1.【個人情報管理】

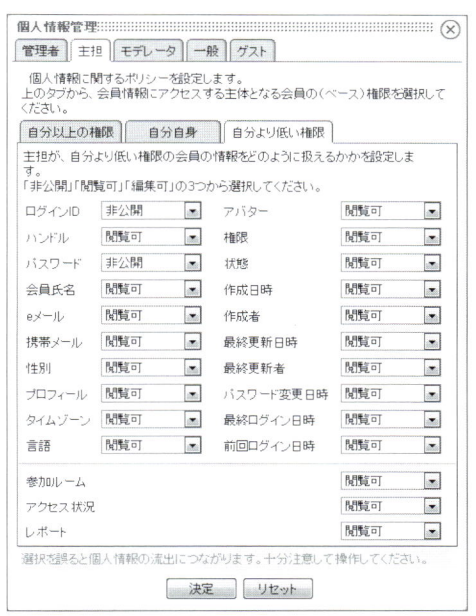

▲図7.2：上部のタブで「主担」、下部のタブで「自分より低い権限」を選んだところ

　［編集可］を選ぶと、主語であるＡ権限をもつ会員は、目的語であるＢ権限をもつ会員の当該の個人情報を編集することができるようになります。

　［閲覧可］を選ぶと、主語であるＡ権限をもつ会員は、目的語であるＢ権限をもつ会員の当該の個人情報を閲覧することができるようになります。ただし、編集することはできません。

　［非公開］を選ぶと、主語であるＡ権限をもつ会員は、目的語であるＢ権限をもつ会員の当該の個人情報を見ることも編集することもできなくなります。

　次の2つの図を見比べてみましょう。

▲図7.3：「管理者」が主担会員のshutan-Aの会員情報を表示したところ

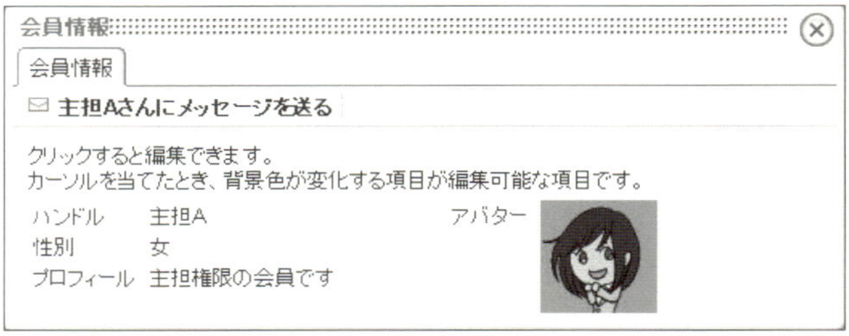

▲図7.4：「一般」会員が主担会員のshutan-Aの会員情報を表示したところ

　黒字は編集不可、青字は編集可であることを示しています。
　同じ「shutan-A」という会員情報にアクセスしても、誰がアクセスしたか、ということによって、表示される内容が異なります。
　この例では、「管理者」は「自分より下の権限」である「主担」の個人情報のうちパスワード以外の全ての情報を閲覧でき、しかも、ログインID、ハンドル、パスワード、会員氏名、eメール、携帯メール、性別、プロフィール、タイムゾーン、言語、権限、状態を編集できるよう設定されています。
　一方、「一般」会員は「自分より上の権限」である「主担」の個人情報のうち、ハンドル、プロフィール、性別、アバターの4つの項目しか閲覧が許可されていません。また、公開されている4項目の編集は許可されていません。

注意すべき点：
- 【個人情報管理】は、「ベースとなる権限」に基づいて設定されています。ベース権限が「主担」である会員Aが、グループMに「一般」権限で参加しており、ベース権限が「モデレータ」である会員Bが同じグループMにモデレータとして参加している場合、グループMの運用上はBのほうがAよりも高い権限を持ちます（B＞A）が、ベース権限はAのほうがBよりも高い（A＞B）ことになります。
- NetCommonsインストール時に最初に自動的に生成されるIDは、「管理者」の中でも特別な「システム管理者」です。この特別な「システム管理者」は、すべての会員のパスワード以外の全ての情報を閲覧・編集でき、パスワードも編集することができます。一方、この「システム管理者」の情報は本人以外、誰も編集することができません。
- 項目によっては、会員自身が［公開・非公開］を選ぶことができます。が、［非公開］を選んだとしても「管理者」には公開されます（「管理者」は、［公開・非公開］の設定自体を変更することができるため）。

2 【会員管理】

　NetCommonsで構築したサイトに参加する会員を登録したり、その情報を修正したり、あるいは他の会員に会員の検索をさせたりするためのモジュールが【会員管理】です。
　［管理］画面から【会員管理】を開くと、「管理者」には［会員検索］、［会員登録］、［項目設定］、［インポート］の4つのタブが表示されます。
　デフォルト設定では、「管理者」以外には、「会員検索」タブのみが表示されます。この画面で注意してほしいのは、右側に表示されている「権限」は「ルーム内の権限ではなく【権限管理】で登録されている権限」を意味しているという点です。（第7章第3節参照）

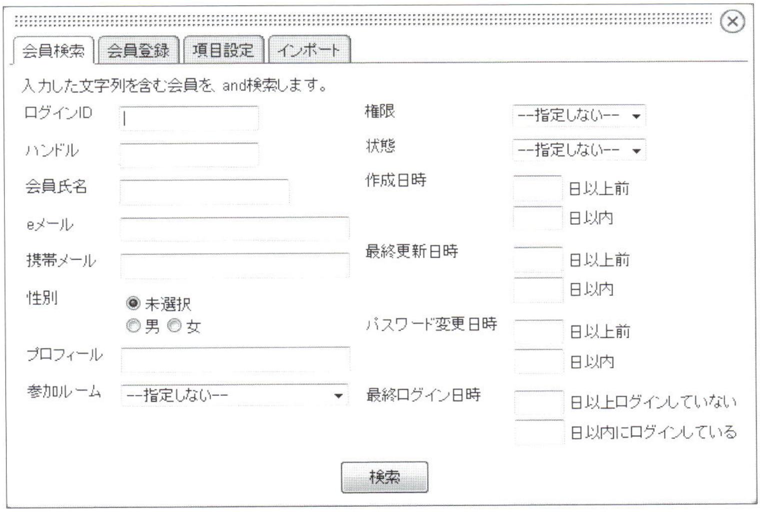

▲図7.5：「管理者」で【会員管理】を表示したところ

会員検索

　会員を検索するには、[会員検索]タブを開きます。条件を入力することによって、「AND」検索することができます。「管理者」はすべての会員から検索することができますが、「管理者」以外は自分が参加しているグループスペースの「ルーム」に一緒に参加している会員の中からしか検索することはできません。

　[会員検索]をしやすくするには、後述する会員の「項目」を適切に設定することが重要となります。たとえば、「学年」という項目をつけておけば、1年生全員を検索する、ということができるようになります。何も入力しないで[検索]ボタンをクリックすると、登録したすべての会員の一覧が表示されます。

　検索結果に表示された会員データはCSV形式のファイルとしてダウンロードすることができます。検索結果の画面の右上に表示されるエクスポートのリンクをクリックして、作業を行ってください。会員のインポート作業をする前に、エクスポートを実行して、万が一に備えることをお勧めします。

▲図7.6：[会員検索]の実行結果

　　※エクスポート作業に関する注意：エクスポートした会員情報は個人情報の集積です。このファイルを不適切に扱った場合には、個人情報保護法違反の罪に問われることがありますので、管理には十分な注意が必要です。

会員登録

　新規に会員を登録する場合には、［会員登録］または［インポート］の機能を使います。一人ずつ手入力で登録する場合には［会員登録］、CSV形式のファイルから一斉にインポートするときには［インポート］を使います。

1. 【会員管理】の［会員登録］タブをクリックして入力画面を表示します。

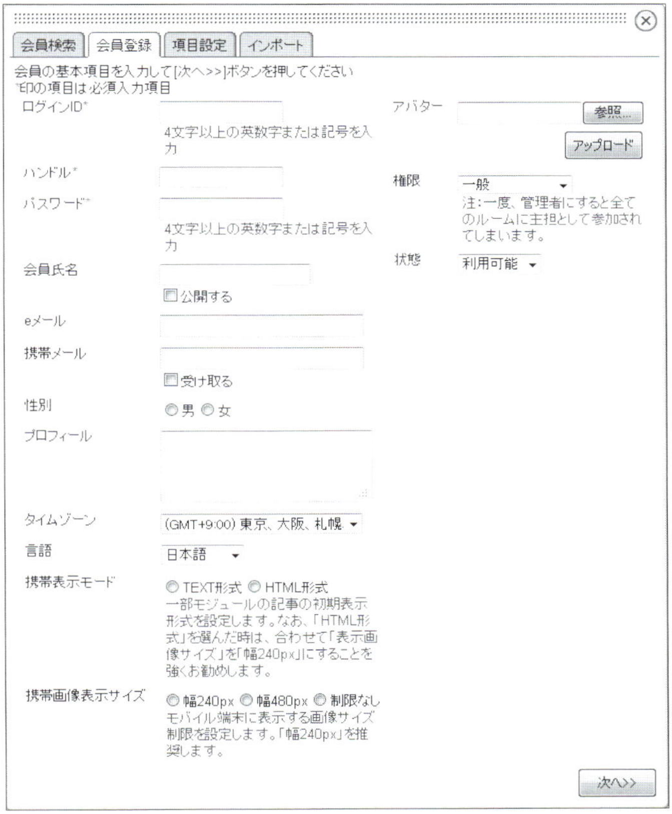

▲図7.7：［会員登録］画面

第7章　NetCommonsで「人」と「場」を設定する

表7.1

入力項目	入力する内容
ログインID（必須）	ログインする際に使用するIDです。 4文字以上の英数字または記号を入力します。
ハンドル（必須）	【掲示板】などの投稿者やチャットの発言者を識別するニックネームとして使われます。
パスワード	ログインする際に使用するパスワードです。 4文字以上の英数字または記号を入力。
会員氏名	会員氏名です
eメール	会員のメールアドレスです。NetCommonsからの通知、情報の自動配信、承認メールやパスワード再設定の際の確認メールの自動配信先として登録されます。
携帯メール	会員の携帯メールアドレスです。基本的にNetCommonsからの通知はeメールアドレスに配信されますが、会員が携帯でのメール受信を希望する場合に［受け取る］をチェックすることで同じ内容が配信されます。 NetCommonsからのメール本文には、記事へのURLリンクがあるため、携帯電話のメール設定で受信許可を行ってください。
性別	性別を選択します
タイムゾーン	会員の所在地のタイムゾーンを選択します。
言語	デフォルトで表示する言語を選択します
携帯表示モード	一部モジュールの記事の初期表示形式を設定します。 「HTML形式」を選んだ時は、合わせて「表示画像サイズ」を「幅240px」にすることを強くお勧めします
携帯画像表示サイズ	モバイル端末に表示する画像サイズ制限を設定します。「幅240px」を推奨します。
アバター	画像を登録できます。
権限	「システム管理者」、「管理者」、「主担」、「モデレータ」、「一般」、「ゲスト」、「事務局」から選択します。
状態	利用可能、利用不可のどちらかを選択します。

　eメール、携帯メールを入力しておくことで、パスワードを忘れてしまったときのパスワード再発行を行うことができます。

2.【会員管理】

2. 必要な情報を入力し、［次へ＞＞］ボタンをクリックして［参加ルーム選択］画面を表示します。画面右側がこの会員を参加させる「ルーム」です。画面左側にはそれ以外の「ルーム」が表示されています。

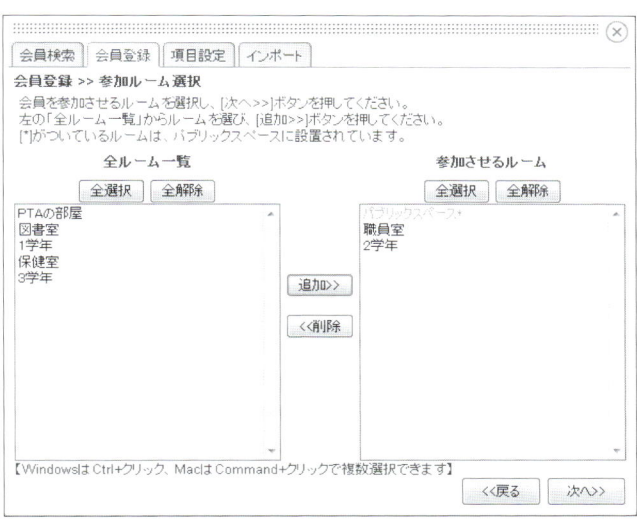

▲図7.8：参加ルームの選択

3. 参加させる「ルーム」を左側から選び［追加］し、参加させない「ルーム」を右側から選び［削除］します。内容が確定したら、［次へ＞＞］ボタンをクリックして［権限設定］画面を表示します。この画面では、各「ルーム」でこの会員をどんな役割で参加させるかを設定します。

　図7.9の例では、この会員は、「パブリックスペース」と「職員室」は「一般」、ルーム「2学年」は「主担」として参加していることがわかります。［サブグループ作成許可］にチェックをつけると、その会員は当該のグループスペース内に「サブグループ」を作成し、管理することができるようになります（これらの設定は、各ルームの「主担」が【ルーム管理】で変更することができます）。

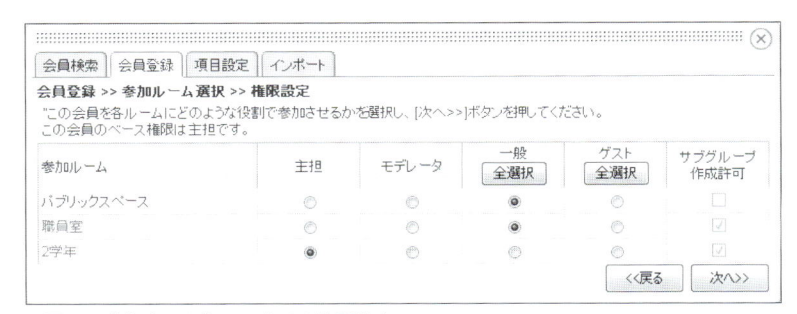

▲図7.9：参加させる「ルーム」での権限設定

第 7 章　NetCommons で「人」と「場」を設定する

4. 内容が確定したら、[次へ >>] ボタンをクリックして確認画面を表示します。

　▲図7.10：登録内容の確認画面

5. 内容に間違いがないかをチェックし、[決定] ボタンをクリックします。eメールアドレスが登録されている場合は、登録した内容を当該の会員にメールで通知することができます。「送信」を押すと、登録されたメールアドレスに登録内容を送信します。

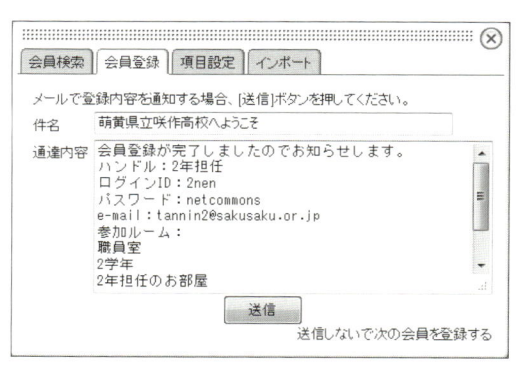

　▲図7.11：登録会員へ登録情報の送信画面

インポート

　大量の会員データを登録したい場合には、【会員管理】の［インポート］機能を利用します。詳しい使い方については、無償で提供されている「NetCommons管理者マニュアル」を参照してください。

新規の項目設定

　デフォルトで表示されている会員情報の項目の設定変更や新規に項目を追加する場合に、［項目設定］を利用します。

1. 【会員管理】の［項目設定］タブをクリックします。

▲図7.12：項目設定画面

2. 新規に項目を追加する場合は、画面右上の［項目追加］をクリックして設定画面を表示して、必要な情報を入力して［決定］ボタンをクリックして登録します。

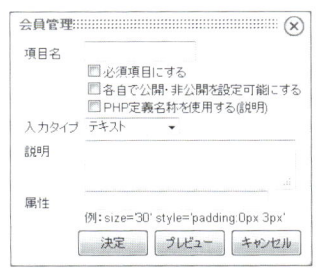

▲図7.13：新規項目の設定画面

第 7 章　NetCommons で「人」と「場」を設定する

表7.2

入力項目	説明
項目名	項目名を入力します ・「必須項目にする」：入力必須項目にする場合 ・「各自で公開・非公開を設定可能にする」：会員自身でその情報を公開するかどうかを管理する場合 ・「PHP定義名称を使用する」：言語切替時に名称を変更したい場合に用います
入力タイプ	「テキスト・選択式（択一）・選択式（複数）・リストボックス・記述式・メール・携帯メール」の7種類用意されています
説明	項目に関する但し書きです
属性	項目を画面上に表示する際の大きさ等を指定したい場合に指定します

3. 既存の項目を編集する場合は、[編集]をクリックして項目設定画面を表示して編集します。

　　システム管理上、削除を許可されない項目もありますが、許可されている項目の場合には[削除]リンクが表示されます。これをクリックすると、項目を削除することができます。

4. 項目に「ON」という表示があるものは、「表示・非表示」の切り替えができる項目です。

　　たとえば、タイムゾーンという項目の「ON」をクリックし、反転させて「ー」にすると、会員の個人情報の項目として表示しなくなります（その項目にすでに入力されているデータが削除されるわけではありません）。

　　※項目設定に関する注意：ここで定めた会員情報の項目は、会員を検索する際のキーとして用いることができます。会員数が500を超えるようなサイトの場合、適切に会員情報の項目を定めるかどうかで【会員管理】や【ルーム管理】の手間に大きな差が生じます。学校の場合は、入学年度などを、NPOの場合は都道府県などを項目として追加しておくとよいでしょう。

　　※新規に追加された項目が、管理者以外の他の権限の会員にどのように見えるかについては、別途【個人情報管理】で設定する必要があります。実際に使う前に、必ず【個人情報管理】で確認してください。

3 【権限管理】

　NetCommonsで構築したサイトの運営に対し、それぞれのユーザがどのような権限でかかわるかを規定するのが【権限管理】です。

- 権限名の編集：各サイトの運用にあわせて権限名を変更できます。
- プライベートスペースの利用制限：権限によってプライベートスペースの利用を制限できます。
- コンテンツ編集上の制限：権限によって、HTMLタグの書き込み、ファイルアップロード、ページレイアウトの変更などを制限できます。

　　HTMLタグにはプログラムを埋め込むことができるので、広い範囲の会員に利用させるとサイト全体のセキュリティ低下を招きます。初期設定ではHTMLタグを埋め込むことができるのは、管理者だけです。

　　ファイルアップロードを許可すると、万が一そのファイルがウィルスに感染していると、サイトに参加している多くの人々がそれをダウンロードすることで被害をこうむる可能性があります。一般の会員にファイルをアップロードする権限を与える場合には、共有するファイルのダウンロードに伴う損害に関する免責事項をサイトの規約に盛り込むか、ウィルスを除去してくれるクラウドサービスを利用することをお勧めします。

　　権限ごとにプライベートスペースへのファイルアップロード量の制限を設けることで、大量のファイルが保存されてシステムが圧迫されることを防ぎます。

- 管理系モジュールの利用・「ルーム」の作成：デフォルト設定では、「管理者」(「システム管理者」・「管理者」)が会員を登録し、「ルーム」を作成し、会員をそれぞれの「ルーム」に割り当てるようになっています。しかし、サイトによっては、会員の登録や「ルーム」の作成、「ルーム」への会員の割り当てなどの作業をある権限以上の会員に分担させたいこともあるでしょう。このようなとき、それらの会員に管理系モジュールの利用を許可します。デフォルト設定では「事務局」とよばれる権限が、このような業務を担うことが想定されています。

　NetCommonsで用意している基本的な権限は、「管理者」、「主担」、「モデレータ」、「一般」、「ゲスト」の5権限ですがそれらの権限を「ベース権限」として、新しい権限を作成することもできます。

第 7 章　NetCommons で「人」と「場」を設定する

1. ［管理］＞【権限管理】をクリックすると権限の一覧が表示されます。

▲図7.14：【権限管理】の画面

2. 既存の権限を編集する場合は、編集をクリックします。削除リンクをクリックすると権限を削除できます。
3. 【権限管理】の詳細設定では、操作できる機能を設定します。

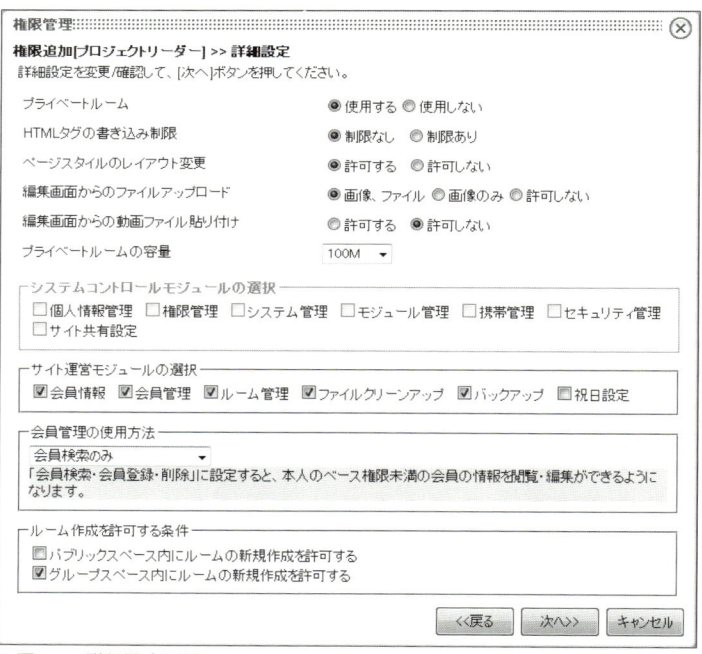

▲図7.15：詳細設定画面

ベース権限が「一般」以上であれば、「ルーム」の作成を許可することが可能です。ただし、その場合HTMLの埋め込みができないと、ステキな画面を作成することは難しいかもしれません。これは「主担」も同様です。

HTMLの埋め込みを許可することに伴うリスクをよく理解した上で、信頼できるごく限られた人だけにルームを作成する権限を付与するとよいでしょう。

※注意すべき点：管理系モジュールのうち、システムコントロール系モジュールはベース権限が「管理者」の会員以外に利用を許可することはできません。これらのモジュール群は「システムコントロールモジュール」と呼ばれます。システムコントロールモジュールの利用を許可すると、サイトを自由にコントロールすることができるようになりますので、ごく少数の信用おけるユーザ以外には使用許可を与えるべきではありません。

第 7 章　NetCommons で「人」と「場」を設定する

4 【ルーム管理】

　【ルーム管理】では、パブリックスペースおよびグループスペース内に新しい「ルーム」（および「サブグループ」）を設置したり、既存の「ルーム」（および「サブグループ」）の名称を変更したり削除したり、「ルーム」に参加させる会員を修正したりすることができます（「サブグループ」は、「グループスペース」の場合に設定することができます）。

1. ［管理］＞【ルーム管理】をクリックして、「ルーム」を作成するスペースを選択します。
ここでは、「グループスペース」を選択します。

▲図7.16：【ルーム管理】

2. ［グループスペース］をクリックすると作成されている「ルーム」の一覧が表示されます。

▲図7.17：管理者権限で表示したグループスペースの「ルーム」一覧

- 状態：［準備中にする］をクリックすると、「ルーム」が作成されても、一般権限の会員にはメニューに表示されません。
- 基本項目編集：ルーム名称、状態を変更できます。
- 参加者修正：「ルーム」の参加者を追加・削除したり、「ルーム」内での役割（権限）を変更します。

134

4.【ルーム管理】

- モジュールの利用許可 :「ルーム」(あるいは「サブグループ」) で使えるモジュールを制限できます。
3. 新しい「ルーム」を作成する場合は、画面右上の[ルーム作成](あるいは[サブグループ作成])をクリックして、基本項目画面を表示します。

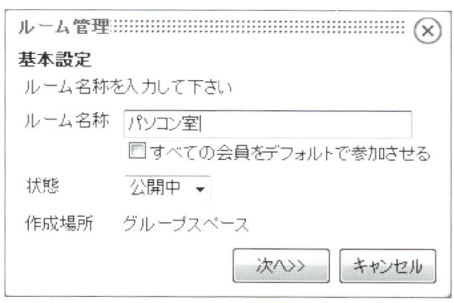

▲図7.18:「ルーム」作成の基本設定画面

4. ルーム名称を入力して、[次へ>>]をクリックして参加会員選択画面を表示します。「すべての会員をデフォルトで参加させる」にチェックを入れると、今後登録する新しい会員はすべて、これから作成する「ルーム」に参加することになります。

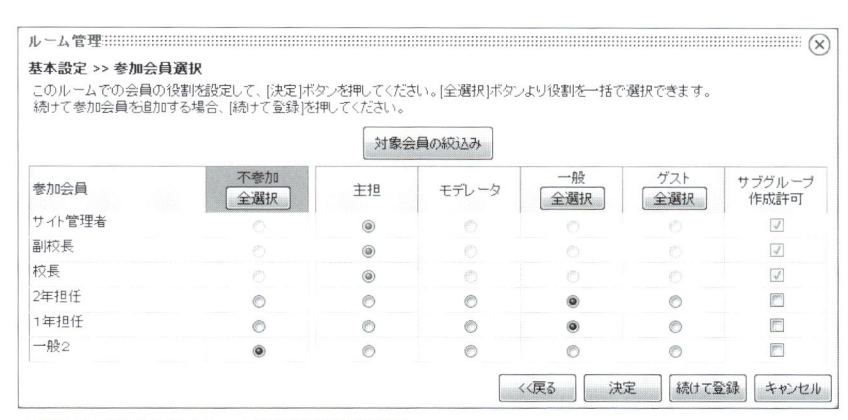

▲図7.19:参加会員のルームでの権限設定画面

全体の会員数が非常に多い場合には、[対象会員の絞り込み]をクリックして、対象となる会員を検索します。

5. この内容で決定し決定内容を確認するには、[決定]ボタンをクリックします。さらに続けて参加者変更の作業を続ける場合は、[続けて登録]ボタンをクリックします。

第8章 ここはおさえたい！NetCommons人気モジュール

　NetCommonsプロジェクトでは、毎年、ユーザカンファレンスを開催しています。ユーザカンファレンスは参加者の95％が「今後も開催が必要」と感じている人気の高い会合で、毎年300人以上のユーザが参加しています。

　ユーザカンファレンスでは、教育機関やNPOだけでなく企業や団体等での活用事例を共有することで、NetCommonsをより効果的に利用するための理解を深めあっています。

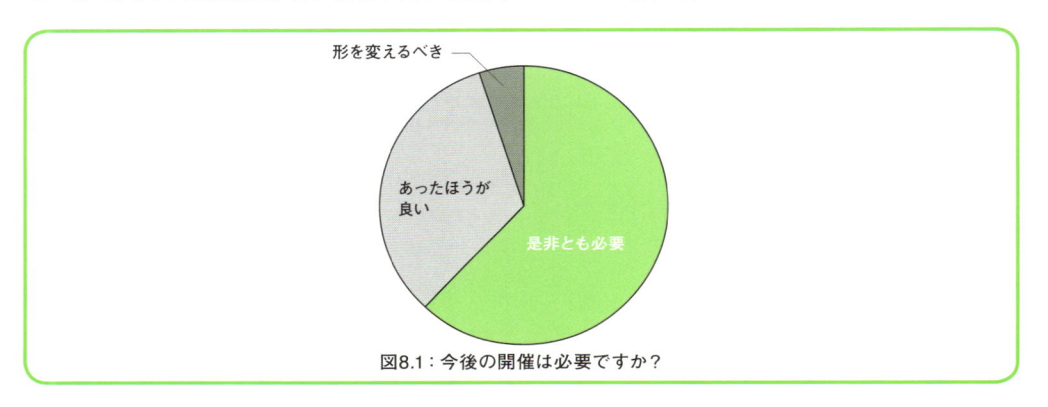

図8.1：今後の開催は必要ですか？

　2010年のアンケート結果によれば、ユーザカンファレンスの参加者の所属団体のうち、60％以上がNetCommonsを導入しているだけではなく、上手に活用しているようです。「すでにNetCommonsを導入している」と答えた団体に限れば、「上手に活用している」と回答した割合は95％を超えています。WYSIWYGエディタの存在などNetCommonsのフレンドリーなインタフェイスが活用を後押ししているようです。

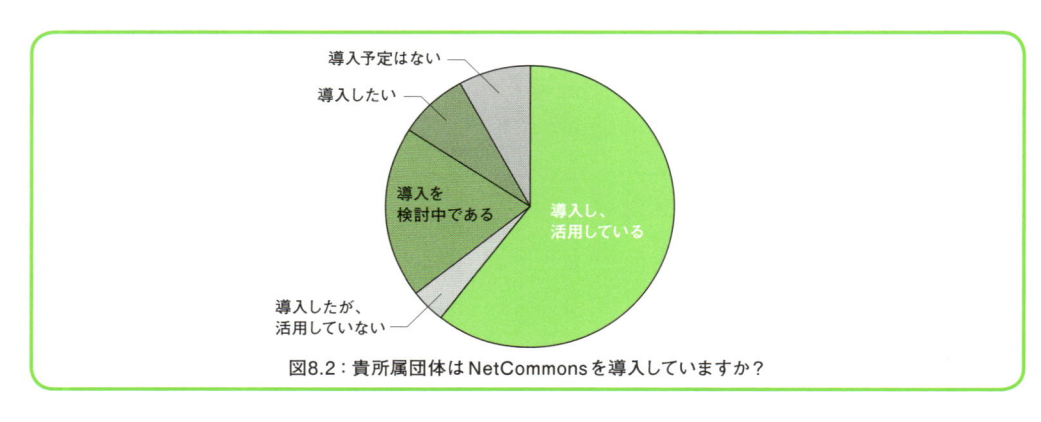

図8.2：貴所属団体はNetCommonsを導入していますか？

NetCommonsには「CMSでは異例」といわれる、全39のモジュールがコアモジュールとして搭載されています。そのうち13が管理系モジュール、残りが一般系モジュールです。NetCommonsのユーザたちは、このうちどのモジュールを良く利用しているのでしょうか。アンケート結果からその様子をのぞいてみることにしましょう。

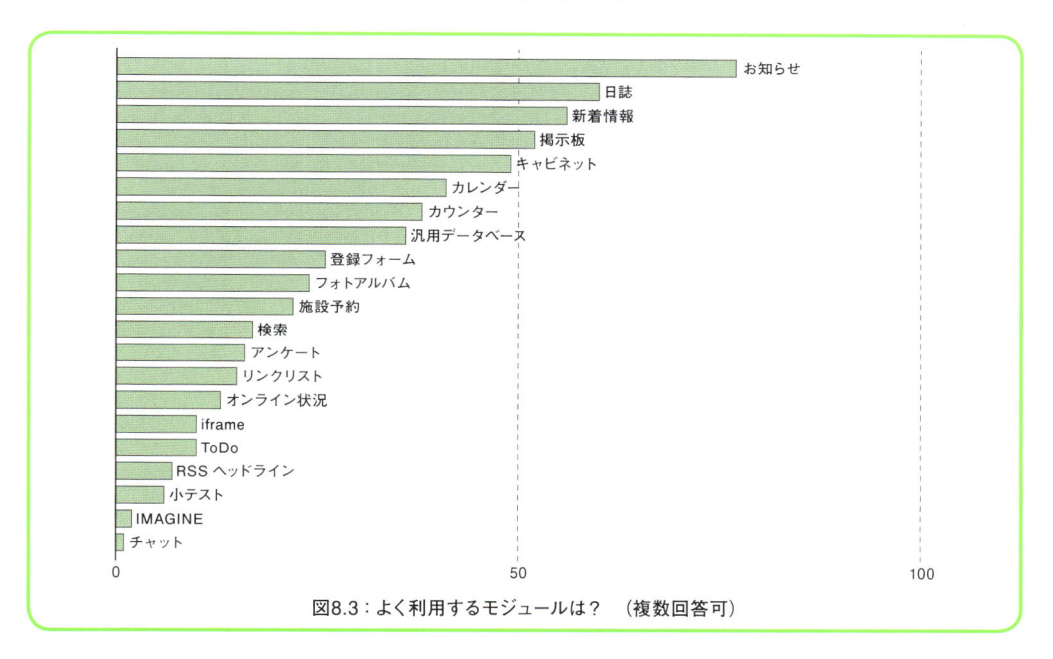

図8.3：よく利用するモジュールは？　（複数回答可）

　図8.3は、ユーザカンファレンスに訪れた参加者がよく利用する「モジュール」の順位です。サイトを構築する上で不可欠な【お知らせ】が最上位にくるのは当然ですが、次に人気を博しているのが、【日誌】そして【新着情報】であることがわかります。本書の事例でも、【日誌】や【新着情報】を上手に活用している団体が大変多かったことも、このアンケート結果と一致しています。

　公開用のウェブサイトとして活用されることが多かったNetCommonsですが、ここ1、2年でグループウェアとして導入する団体が急増しています。そのような団体が好んで利用しているのが、【カレンダー】です。また、NetCommons2.3.3.0から正式にコアモジュールとして採用された【回覧板】も人気急上昇中のモジュールです。

　本章では「ここはおさえたい！ NetCommons人気モジュール」と題して、【日誌】、【新着情報】、【お知らせ】、【カレンダー】、【回覧板】の5つのモジュールの効果的な使い方をご紹介します（モジュールの詳しい使い方は、NetCommonsオンラインマニュアルとして無償で配布していますので、そちらをご参照ください）。

1 「パブリックスペース」の【日誌】に「一般」会員からの投稿を許可する

　「パブリックスペース」から配信される情報は、そのウェブサイトを公開している組織の顔となる情報です。そこは本来、「管理者」によって十分にコントロールが行きとどいていなければいけない「場」です。一方で、その組織が「いきいきしている」様子を伝えるには、組織の参加者が自発的に持ち寄る鮮度のよい情報を掲載すると効果的です。

　鮮度のよい自由な情報と適切なコントロール ── この相反する2つの命題をバランスよく実現するには、【日誌】や【汎用データベース】の「承認機能」をうまく活用するとよいでしょう。この節では、「パブリックスペースに【日誌】を設置し、「一般」会員に投稿をさせ、その内容を管理者から権限をゆだねられた「主担」が承認する」というシーンを想定して、具体的な操作をご紹介しましょう。

　ここでの操作のポイントは、「管理者」による【会員管理】の設定の後に、【日誌】と【ルーム管理】という3ステップでの設定を行う必要がある、ということです。まずは「管理者」が、「パブリックスペース」に「ページ」や「ルーム」を作成し、サイトの構成やコンテンツを決めていきます。なかには現場からのタイムリーな情報発信が特に必要とされるコンテンツもあるでしょう。そうした場合、「ルーム」として設定し、別途現場の責任者を「主担」権限を持つ会員として、別途【会員管理】で新規登録を行い、その後、「ルーム」の管理を切り分けて、「主担」に権限の一部をゆだねることができます。現場責任者として、また管理者からウェブサイト上でのコンテンツ管理の権限をゆだねられた「主担」は、必要に応じて組織の他のメンバーに、ルーム内の「一般」権限を与え、自発的な情報発信を許可することができるのです。

　承認機能を使えば、「一般」の会員が投稿した記事の公開前に「主担」が組織としてのチェックを安全かつ素早く実施できます。デフォルトでは「ゲスト」権限に設定されている「一般」権限の会員にもコンテンツ作成に携わってもらうためには、【ルーム管理】での設定が必要となります。
　では、さっそくその手順をご紹介しましょう。

1.「パブリックスペース」の【日誌】に「一般」会員からの投稿を許可する

1. すでに設置されている【日誌】の設定を変更する場合は、モジュールの右上に表示されている［編集］をクリックして、編集モードにします。通常モードでは［編集］が表示されていないスタイルを適用している場合[4]は、画面右上に表示されている［セッティングモード］をクリックして表示させましょう。編集画面に切り替わったら、［一覧表示］から、設定を変更したい日誌名の列の管理項目［編集］をクリックし、一般設定画面を表示させます。新たに【日誌】を設置する場合は、［セッティングモード］＞［モジュール追加］から、【日誌】を選択してクリックすると、一般設定画面（図8.4）になります。ここで設定できるのは表8.1のとおりです。

表8.1

入力項目	説明
日誌タイトル	日誌のタイトルを入力します
記事投稿権限	この日誌に記事の投稿を許可する権限を「主担」、「モデレータ」、「一般」の中から選択します。
投票有無	記事に対し、投票機能を有効にするかどうか設定します。
コメント投稿有無	会員に記事のコメント投稿を許可するかどうか設定します。承認の設定が可能です。
トラックバック送受信	トラックバックの送受信を許可するかどうか設定します。受信については承認の設定が可能です。
メール配信設定	有効に設定すると、記事が投稿されるたびに自動で指定先にメール配信します。追加で詳細設定画面が表示され、通知する権限を「主担」、「モデレータ」、「一般」、「ゲスト」の中から選択し、通知文を設定します。
New記号表示期間	日付の横にNewと表示させる期間を投稿日より1、2、3、5、7、30日間の中から選択します。

2. 一般設定画面の「記事投稿権限」で、「一般」にチェックを入れると、【日誌】への記事投稿を「一般」権限の会員に許可したことになります。

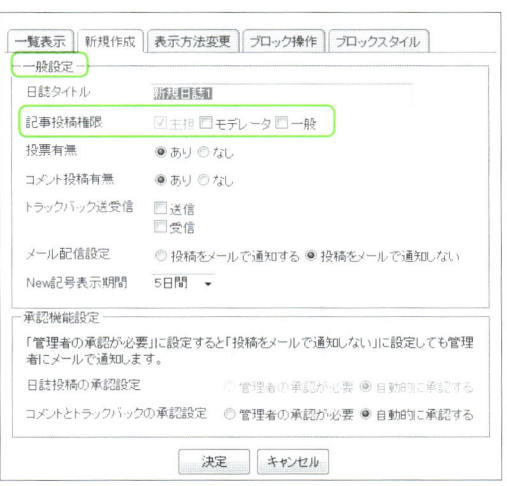

▲図8.4：【日誌】の設定画面

---

4 モジュールのデザイン（スタイル）は編集画面の［ブロックスタイル］タブで変更できます。

第 8 章　ここはおさえたい！NetCommons 人気モジュール

3. ［決定］ボタンをクリックすると、【日誌】での設定は完了します。
4. サイトの初期設定では、「パブリックスペース」での書き込みを制限するために、会員であっても、「管理者」以外は一般公開スペースにおける権限が全員「ゲスト」に設定されています。よって、「パブリックスペース」に設置された「ルーム」で、他の会員に記事を投稿させるには**【ルーム管理】**や**【会員管理】**から「パブリックスペース」におけるその会員の権限を「ゲスト」から「一般」に変更する必要があります。そのための操作が以下になります。まず、［管理］＞【ルーム管理】＞「パブリックスペース」をクリックし、「ルーム」の一覧を表示させます（図8.5）。

▲図8.5：【ルーム管理】パブリックスペース一覧

5. この一覧表示画面から、「一般」会員に投稿を許可する予定の【日誌】のある「ルーム」について、管理項目の［参加者修正］をクリックします。例えば、A小学校という「ルーム」に設置する（あるいはしている）【日誌】を想定している場合には、図8.5の枠で囲まれた［参加者修正］をクリックします。
6. すると、「ルーム」に参加している会員の一覧が表示されます。ここで投稿を許可する会員の権限を「ゲスト」から「一般」に変更します（図8.6）。
7. 選択したら、［決定］ボタンをクリックして確定します。以上の操作で、パブリックスペースの【日誌】に「一般」会員が投稿できるようになります。

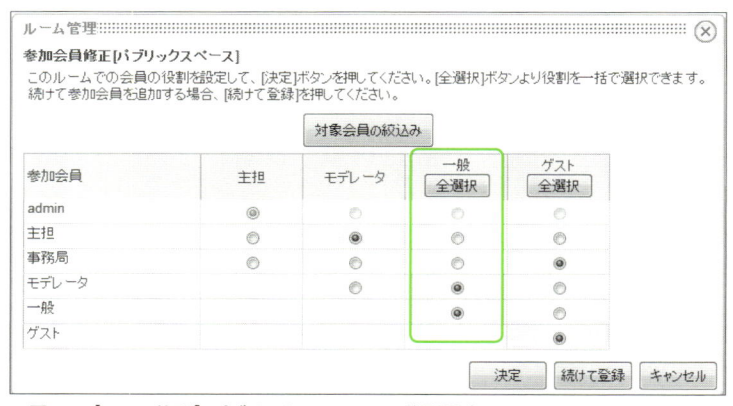

▲図8.6：【ルーム管理】パブリックスペースでの権限設定

1. 「パブリックスペース」の【日誌】に「一般」会員からの投稿を許可する

【日誌】の承認機能を有効にしたいとき

　更新担当者(「一般」権限の会員)は、記事の投稿と同時に承認者に承認依頼メールを自動的に送信することができます。承認者(「主担」)は、送られてきたメールに記事の存在するURLが添付されているので、その場で確認し、承認できます。承認されるまで、記事は一般公開されません。

1. 【日誌】を編集モードにし、「一般設定」画面を表示させます。
2. 承認機能とは「一般」権限の会員が投稿した記事について「主担」が承認を行うというものです。そのため「記事投稿権限」で「一般」にまでチェックを入れて初めて承認機能が設定できるように表示が切り替わります。

　　　　※図8.4は承認機能が設定できない状態。

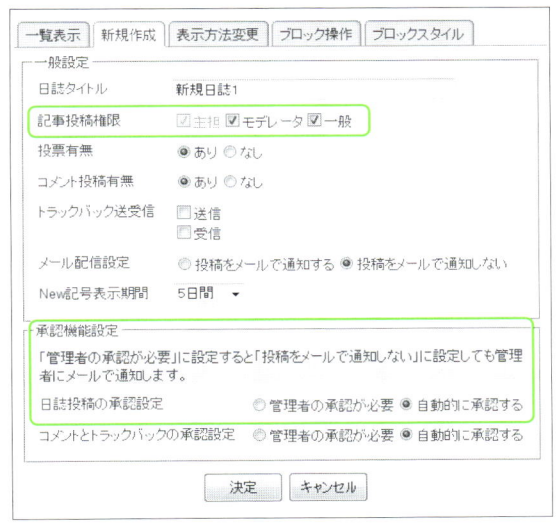

▲図8.7：【日誌】の設定画面(承認機能を有効にする場合)

3. 日誌投稿の承認設定で［管理者の承認が必要］にチェックを入れると、設定の詳細画面が追加表示され、日誌投稿承認完了通知設定ができるようになります[5]。これは、記事を承認した際に、投稿者本人に承認されたことを通知するという設定です。必要があれば、有効にします。

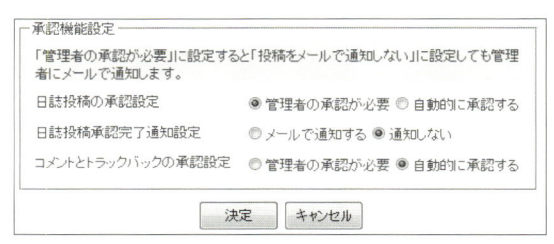

▲図8.8：【日誌】の設定画面（承認機能設定）

4. 設定が全て完了したら［決定］ボタンをクリックして確定します。
5. 以上で【日誌】における承認設定は完了となります。［管理］画面から【ルーム管理】または【会員管理】で承認者となる「主担」を確認しておくとよいでしょう。

　以上の操作で「パブリックスペース」における【日誌】を「一般」権限という現場担当者から、安全にかつタイムリーにいきいきとした情報を掲載できる仕組みを整えることができました。例えば、1週間に1つの記事を更新しよう、と決めたとします。もし1人の担当者がその記事を更新するとすれば、1週間に1度は更新しなくてはなりません。しかし、もし3人で記事の投稿を担当すれば、1週間に記事は3つ投稿されることになります。あるいは、1週間に1つでよいなら、各自は3週間に一度でよいことになります。単純に更新頻度の問題が解消されるだけでなく、組織の情報発信としての要を押さえることのできる「主担」が承認を行うことで、安全に、かつ更新担当者の負担を軽減でき、さらに複数の視点を活かした広報を多くの関係者を通じて、直接発信できるようになるのです。

---

[5] この画面では「管理者の承認が必要」とありますが、これはサイト全体の管理者という意味ではなく、あくまでもこのルームの管理者である「主担」を意味します。2.3.3.0からはこの部分は「主担」に修正されます。

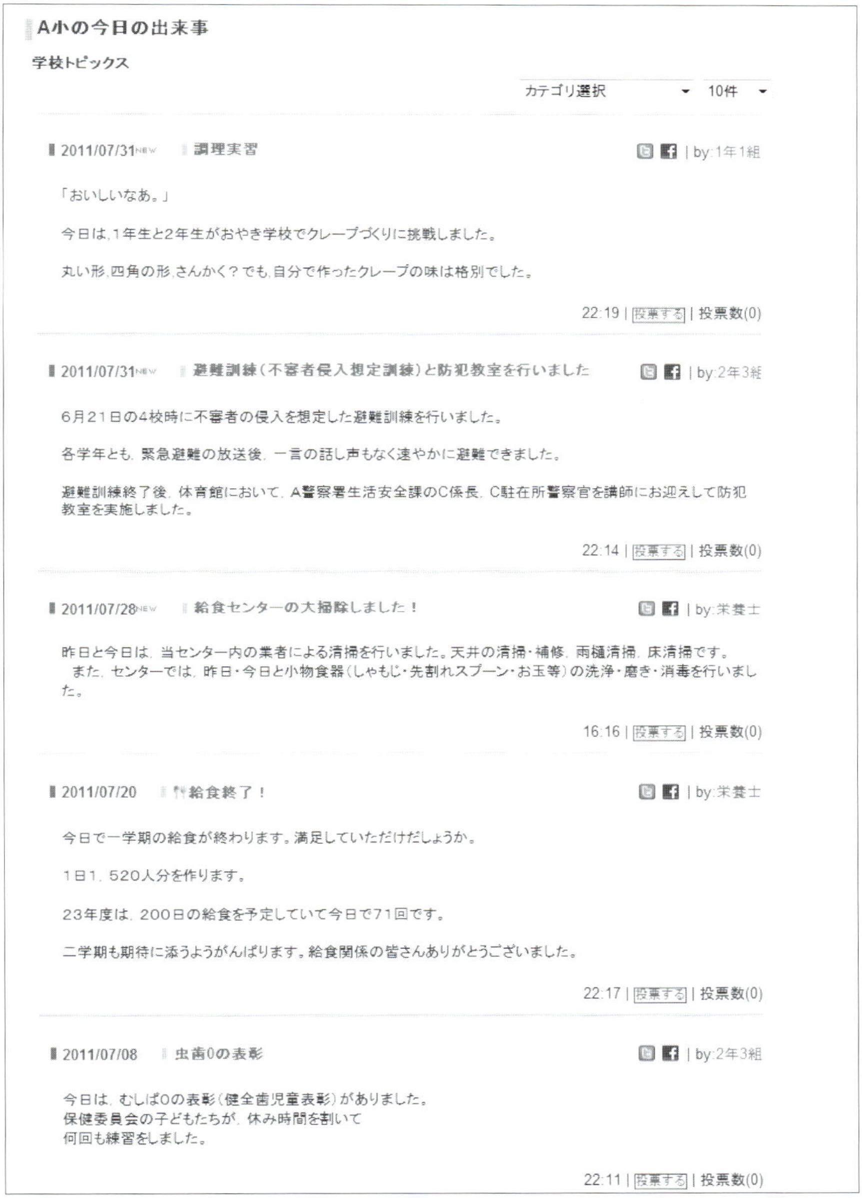

1.「パブリックスペース」の【日誌】に「一般」会員からの投稿を許可する

A小の今日の出来事
学校トピックス

カテゴリ選択 ▼　10件 ▼

■ 2011/07/31 NEW　調理実習　　　　　　　　　　　　　　　　　| by:1年1組

「おいしいなあ。」

今日は、1年生と2年生がおやき学校でクレープづくりに挑戦しました。

丸い形、四角の形、さんかく？でも、自分で作ったクレープの味は格別でした。

22:19 | 投票する | 投票数(0)

■ 2011/07/31 NEW　避難訓練(不審者侵入想定訓練)と防犯教室を行いました　| by:2年3組

6月21日の4校時に不審者の侵入を想定した避難訓練を行いました。

各学年とも、緊急避難の放送後、一言の話し声もなく速やかに避難できました。

避難訓練終了後、体育館において、A警察署生活安全課のC係長、C駐在所警察官を講師にお迎えして防犯教室を実施しました。

22:14 | 投票する | 投票数(0)

■ 2011/07/28 NEW　給食センターの大掃除しました！　　　　　　　| by:栄養士

昨日と今日は、当センター内の業者による清掃を行いました。天井の清掃・補修、雨樋清掃、床清掃です。
　また、センターでは、昨日・今日と小物食器(しゃもじ・先割れスプーン・お玉等)の洗浄・磨き・消毒を行いました。

16:16 | 投票する | 投票数(0)

■ 2011/07/20　　給食終了！　　　　　　　　　　　　　　　　　　| by:栄養士

今日で一学期の給食が終わります。満足していただけだしょうか。

1日1,520人分を作ります。

23年度は、200日の給食を予定していて今日で71回です。

二学期も期待に添うようがんばります。給食関係の皆さんありがとうございました。

22:17 | 投票する | 投票数(0)

■ 2011/07/08　　虫歯0の表彰　　　　　　　　　　　　　　　　　| by:2年3組

今日は、むしば0の表彰(健全歯児童表彰)がありました。
保健委員会の子どもたちが、休み時間を割いて
何回も練習をしました。

22:11 | 投票する | 投票数(0)

▲図8.9：様々な更新担当者が現場からのいきいきした情報を掲載できる【日誌】

2 「新着情報」と他のモジュールを組み合わせて、最新ニュースとして配信する

　NetCommonsのウェブサイトに配置したモジュールのいくつかを指定して、最新情報だけを抜粋してまとめて表示する機能が【新着情報】です。全てのモジュールの新着情報ではなく、指定した「ルーム」とモジュールの新着情報だけをまとめて配信することができることが魅力です。

　社団法人日本教育工学振興会（第1章第4節参照）をはじめとする多くの団体が「新着情報」をサイト内の情報をうまくまとめて配信することに活用しています。

　ここでは「【新着情報】を設置することで、ウェブサイトにやってくる閲覧者が複数にまたがる話題や各ページに掲載されたサイト内の最新情報は何か、一目でわかるようになった」というシーンを想定して、具体的な操作をご紹介しましょう。

1. ［セッティングモード］を ON にして、編集モードに切り替えます。
2. ［モジュール追加］から【新着情報】を選択し、クリックすると、設定画面が表示されます（図8.10）。

表8.2

入力項目	説明
表示方法	モジュール毎に表示する方法、または「ルーム」毎に表示する方法から選択します。
指定したルームのみ表示する	特定の「ルーム」の情報だけを新着情報として表示したい場合には、［指定したルームのみ表示する］を選択し、「ルーム」を選択します。
最新××日分を新着とする	表示する件数は、日にち指定か、件数指定を選択することができます。
最新××件を新着とする	
表示項目	件名、詳細、ルーム名、モジュール名、登録者、登録日から選択します。タイトル（件名）の表示は必須です。
RSS配信	新着情報で表示した情報を、更新情報を簡単にまとめ、配信するためのフォーマットをRSSといいます。RSSで配信すると、サイトにアクセスした人以外でも、RSSのリーダーで情報を取得できるようになります。
表示モジュール	【お知らせ】、【アンケート】、【Todo】、【カレンダー】、【掲示板】、【キャビネット】、【レポート】、【小テスト】、【施設予約】、【フォトアルバム】、【汎用データベース】、【日誌】からチェックを入れて選択します。

2.「新着情報」と他のモジュールを組み合わせて、最新ニュースとして配信する

▲図8.10：【新着情報】の設定画面

3. まず新着情報として表示させたいモジュールを選択し、またどのような項目を【新着情報】に掲載させるのか「表示項目」から選びます。

4. 非会員に「パブリックスペース」の情報を「ニュース」として配信したい場合、[指定したルームのみを表示する]にチェックを入れて、[パブリックスペース]を選択します。RSS配信[6]は[する]にしておくとよいでしょう。ここで「グループスペース」の情報を【新着情報】で表示しても、非会員はそれを閲覧することはできません。また、[プライベートルームの新着を表示する]にチェックを入れると、ログインしている会員自身のプライベートな新規記事についても表示させることができます。例えば、表示モジュールに【カレンダー】が選択されていれば、公開対象を「自分自身」にして登録した予定などが【新着情報】に表示されます。もちろんログインしているときに本人にしか表示されません。

---

[6] J-KIDS大賞の観点の1つとなっている学校ホームページの更新状況は、各学校が配信するRSSの情報を基に把握しています。

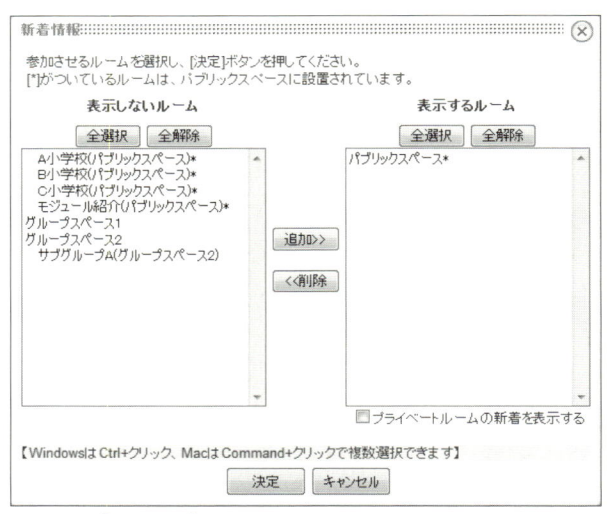

第 8 章　ここはおさえたい！ NetCommons 人気モジュール

▲図8.11：【新着情報】指定したルームのみ表示する場合

5. 「新着情報」というブロックタイトルの文字列を「最新ニュース」に変更します。ダブルクリックで入力モードに切り替わりますので、そのまま上書きします。

▲図8.12：【新着情報】ブロックタイトルの変更

　【新着情報】は、[指定したルームのみを表示する]という表示項目を設定することで、カテゴリごとに、例えば「事務局からのお知らせ」と「最新ニュース」を分けるなど、1ページに複数設置して自動表示させることができます。その場合、閲覧者にとっては素早くお目当ての記事を見つけ出すことができるでしょう。

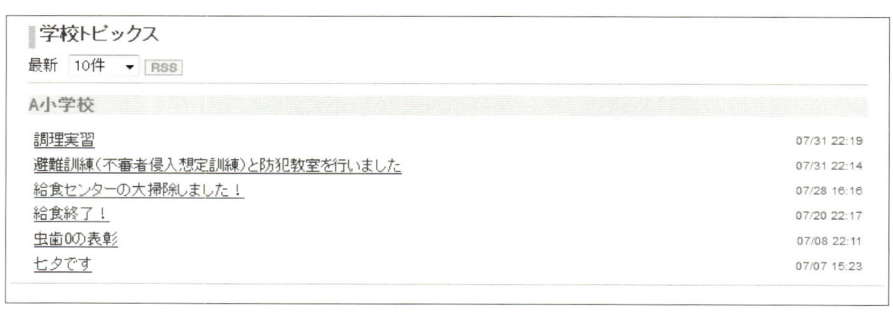

▲図8.13：【新着情報】から最新情報が一目でわかります

3 【お知らせ】を使って、「Googleマップ」「YouTube」や「Amazon」と連携させる

　【お知らせ】は通常、テキストや画像などを自由にサイト内に配置するために使用しますが、メッセージボックス下部の［HTML］タブをクリックしてHTML編集画面（図8.14）に切り替えることで、GoogleマップやYouTubeといった外部のウェブサービスと連携させることができます。

　ここでは、外部ウェブサービスの提供しているAPIを利用して【お知らせ】に埋め込む方法をご紹介します。

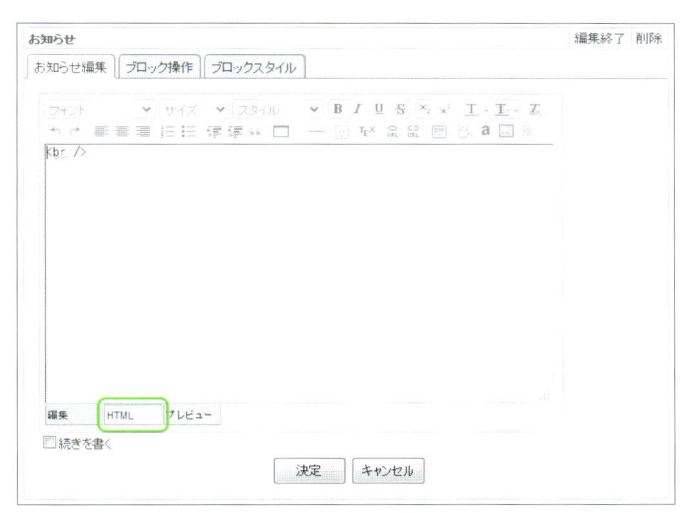

▲図8.14：【お知らせ】HTML編集画面

※注意していただきたいこと： セキュリティ上の配慮から、デフォルトではHTMLタグの設定を行えるのは、ベース権限が「管理者」以上の会員のみとなります。また外部ウェブサービスのバージョンアップ等により操作方法や表示に変更が生じる可能性があります。あらかじめご了承ください。

【お知らせ】×Googleマップ連携

　Googleマップは、Googleが提供するオンライン地図検索サービスです。【お知らせ】に埋め込まれた地図は、閲覧者がクリックしてドラッグすることで付近の地図を表示したり、拡大や縮小表示も自由に変更したりすることができ、便利です。また、道順を示すための線を引いた地図を表示させることもできます。

1. まず、表示させたい地図を設定します。Googleの検索エンジンから表示させる施設や住所を入力し、画面上部に表示されている［地図］リンクをクリックすると、Googleマップで当該地図が表示されます。

▲図8.15：Googleマップ検索画面

2. マップ右上の［リンク］アイコンをクリックすると、マップのURLが表示されます。

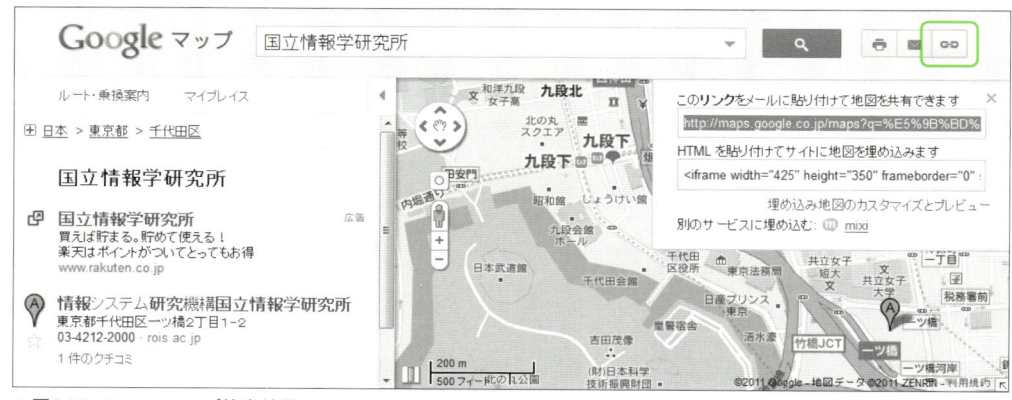

▲図8.16：Googleマップ検索結果

3. ここに表示されている状態のままでよければ、「HTMLをはり付けてサイトに地図を埋め込みます」の下にあるタグをそのままコピーし、HTML編集画面にペーストすれば完成です。
4. 表示するサイズや［埋め込み地図のカスタマイズとプレビュー］をクリックすると、カスタマイズウィンドウが開きます。大・中・小から希望するサイズを選択し、プレビュー用の地図を確認します。希望するサイズになった後で、ウィンドウの下部のボックスに表示されるHTMLタグをコピーします。

3.【お知らせ】を使って、「Googleマップ」「YouTube」や「Amazon」と連携させる

5. ［セッティングモード］をONにして、編集モードに切り替えます。
6. ［モジュールの追加］から【お知らせ】を選択し、HTML編集画面に切り替えます（図8.14）。
7. 先ほどコピーしたHTMLタグをはりつけ、［決定］ボタンをクリックすると、Googleマップが表示されます。

図8.17のように最寄り駅からの道順を表示した地図なども埋め込み可能です。こうしたGoogleマップの詳しい活用方法は「Googleマップユーザーガイド」を検索してご参照ください。

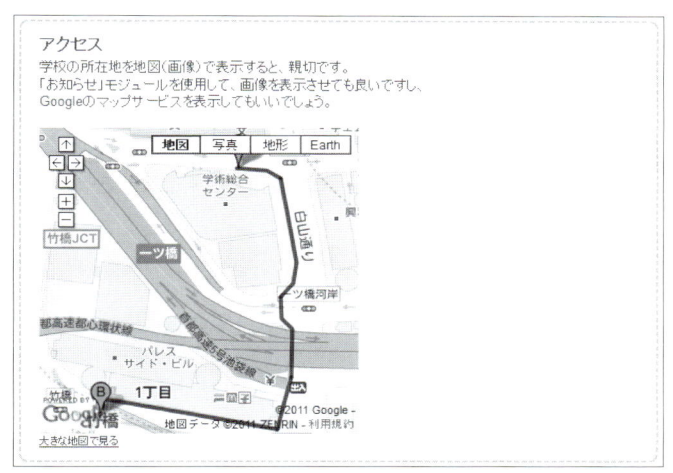

▲図8.17：竹橋駅から国立情報学研究所までのGoogleマップを【お知らせ】に埋め込んだ画面

【お知らせ】×YouTube連携

　YouTubeは、ユーザから投稿された動画をブラウザで閲覧できるウェブサービスです。アカウントを取得してYouTubeに自ら撮影した動画などをアップロードすれば、【お知らせ】を使って、YouTubeの動画を埋め込み、直接表示させることができます。

1. まずYouTubeのサイトを表示し、表示させたい動画を選びます。
2. 動画の再生画面の下にある［共有］ボタンをクリックします。すると動画を共有するための［埋め込みコード］ボタンが表示されます。

第8章 ここはおさえたい！NetCommons 人気モジュール

▲図8.18：YouTube 画面

3. ［埋め込みコード］ボタンをクリックし、サイズなどを設定し、ボックス内に自動生成された埋め込みコード（HTMLタグ）をコピーします。

▲図8.19：YouTube 埋め込みコードを表示したところ

4. ［セッティングモード］を ON にして、編集モードに切り替えます。
5. ［モジュールの追加］から【お知らせ】を選択すると、「🎥」というアイコンが表示されています。これが YouTube から情報を取得するためのボタンです。これを使って、お知らせの中に YouTube から動画を埋め込むことができます。このアイコンをクリックします。

3.【お知らせ】を使って、「Googleマップ」「YouTube」や「Amazon」と連携させる

▲図8.20:【お知らせ】動画アイコンをクリックしたところ

6. 先ほどコピーしたHTMLタグをこのボックスのなかにはりつけ、[決定]ボタンをクリックします。画面をリロードすると、選択したYouTubeの動画が表示されます。

▲図8.21:【お知らせ】に動画を表示したところ

【お知らせ】のYouTube画像をクリックすると動画がスタートします。終了後は関連する動画ファイルが表示されます。

第8章　ここはおさえたい！NetCommons人気モジュール

【お知らせ】×Amazon連携

　Amazonは世界最大のオンライン書籍販売サイトです。現在では書籍のほかに音楽CDやビデオ、電化製品、玩具などを扱っていますが、【お知らせ】のWYSIWYGエディタのツールバーの中には、このAmazonからクリックして選択するだけで情報を取得するためのボタンが設置されています。

1. ［セッティングモード］をONにして、編集モードに切り替えます。
2. ［モジュールの追加］から【お知らせ】を選択すると、「a」というアイコンが表示されています。これがAmazonから情報を取得するためのボタンです。これを使って、お知らせの中にAmazonから書籍の書影と書誌情報、そして、Amazonへのリンクを埋め込むことができます。このアイコンをクリックします。

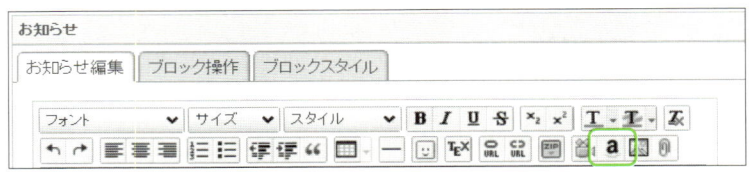

▲図8.22：Amazonリンクのアイコン

3. Amazon検索ウィンドウが別ウィンドウで表示されます。

表8.3

入力項目	説明
キーワード	検索するキーワードを入力します。
検索カテゴリ	和書、洋書、DVD、ミュージック等から選択できます。
画像の表示	詳細情報、テキストのみ、小さい画像、中くらいの画像、大きい画像から選択できます。
リンクの開き方	リンクをクリックすると表示ページがリンク先に切り替わる［指定しない］か［別ウィンドウ］かのどちらかを選択します。

4. キーワードを入力し、［検索］ボタンをクリックすると、候補リストが表示されます。ここから該当する本を選択して、［挿入する］ボタンをクリックします。書籍は複数選択することもできます。
5. Amazonが提供している書籍表紙画像をどのように表示するかを「画像の表示」から選択します。表示方法には、図8.23のような「詳細表示」のほか、「テキストのみ」「小さい画像」「中くらいの画像」「大きい画像」の4種類から選ぶことができます。

3.【お知らせ】を使って、「Google マップ」「YouTube」や「Amazon」と連携させる

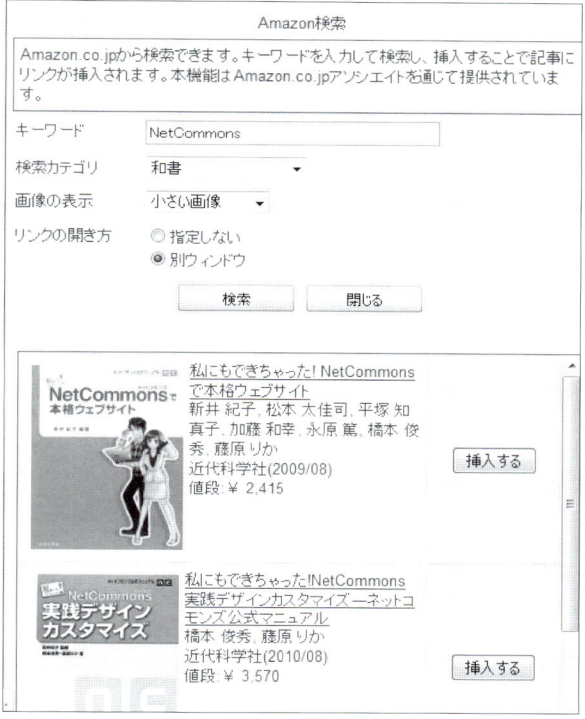

▲図8.23：Amazon 検索結果

6. 選択が終了したら、[閉じる] ボタンをクリックします。
7. WYSIWYG エディタのメッセージボックス内には、書籍のサムネイル画像・タイトル（Amazon サイトへのリンク）・著者が表示されています。通常通り、文字を強調したり、追加で入力したりすることもできます。内容を確認し、[決定] ボタンで確定します。
8. 図8.22のようにお知らせの上に書籍の表紙画像がついているリストを作成することができましたこの機能は、WYSIWYG エディタが表示される NetCommons のすべてのモジュールで利用することができます。

第 8 章　ここはおさえたい！NetCommons 人気モジュール

▲図8.24：【お知らせ】にAmazonリンクを使用したところ

※注意していただきたいこと：GoogleマップやYouTubeを提供しているGoogle社やAmazon社は、営利企業です。提供されるAPIは基本的に広告収入を目的としています。このようなAPIを利用すべきかどうかは、サイトを運営している各団体のポリシーによって決めてください。

4 【カレンダー】を使って メンバーの今週の予定を把握する

　第4節と第5節では、組織内のグループ（部署・委員会・サークル等）が「グループスペース」内に設置された「ルーム」や、ルーム内の「サブグループ」を設置し、そこにモジュールを配置してグループ内の情報共有を効果的に進める使い方を具体的にご紹介します。

　まずご紹介するのは、【カレンダー】を使った、グループ内の予定共有のしかたです。ここでは、通常の「月表示のカレンダーを使ったルーム内の予定の共有」から一歩進めて、「サブグループ」の予定を「スケジュール表示」で共有する方法を説明します。

　【カレンダー】に入力された全ての予定は1つのデータベースで管理されています。拡大月表示、年間・週・日ごとの表示、会員順・時間順のスケジュール表示が可能です。設定を変更することで、予定の表示を工夫することができます。

　「ルーム」と「サブグループ」を使うと、効率よく同じ「ルーム」に所属している他の登録会員の動静を把握することができます。
　ここでは以下のように登録されたグループのメンバーについて設定してみることにします。

表8.4：各ルームにおける参加者の登録内容

	ルームⅠ メンバー全員が 参加するルーム	ルームⅡ プロジェクトAの 参加者のみ	ルームⅢ プロジェクトBの 参加者のみ
Aさん	○	○	
Bさん	○		○
Cさん	○	○	
Kさん	○		○

【会員管理】の設定

1. まずは、新規会員登録を先に済ませておいたほうが設定しやすいので、【会員管理】から登録しておきましょう。登録方法は第7章第2節を参照してください。

第 8 章　ここはおさえたい！NetCommons 人気モジュール

【ルーム管理】の設定

2. 会員登録が完了したら、「ルーム」を「管理者」権限で新規作成します。ルーム作成の方法は第7章第4節を参照してください。ルームⅠからルームⅢまで設定します。
3. 「ルーム」が作成できたら、次に「サブグループ」の作成を行います。「サブグループ」の名称（「ルーム名称」）には、各「ルーム」の参加者の名前をそれぞれ設定しましょう。名前をルーム名にすれば、そのルーム名で登録できるようになるため、誰の予定なのかが明示され、分類できるようになります。「サブグループ」を設定する際には、毎回プルダウンメニューから「作成場所」を選択します。

▲図8.25：「サブグループ」作成画面

4. 「サブグループ」における会員選択は、あらかじめ「ルーム」の参加者に限定されています。また、ルーム内での権限はベース権限に関わりなく、「主担」・「モデレータ」・「一般」・「ゲスト」の中から自由に設定できます。ただし以下の例は、カレンダーに安全かつ容易に自分自身の予定を、IDを持つ各個人で登録できるようにするため、「サブグループ」のルーム名称と同じIDの会員だけを「一般」に、それ以外で同じ「ルーム」に登録されている会員はすべてその「サブグループ」においては「ゲスト」に設定します。

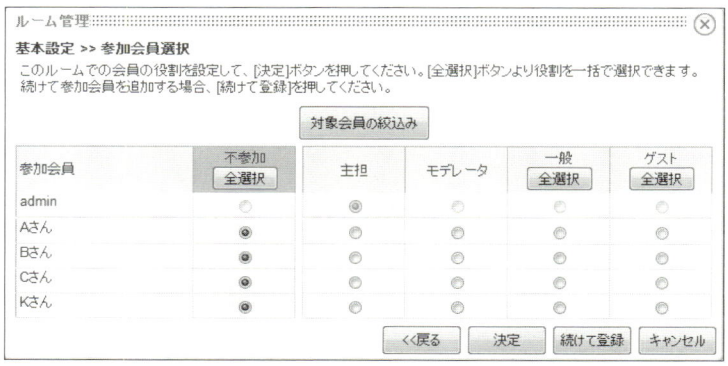

▲図8.26：「サブグループ」の参加会員選択画面

4.【カレンダー】を使ってメンバーの今週の予定を把握する

5. 「サブグループ」作成がすべて完了したら、【カレンダー】を設定しましょう。設置場所はルームⅠ、ルームⅡ、ルームⅢそれぞれに配置します。【カレンダー】は閲覧する本人の各ルーム内権限によって表示内容を決定しているため、デフォルトの設定では、どのスペースに設置しても、同じく表示されます。また、「指定したルームのみ表示する」という設定項目を有効にすることで、【カレンダー】ごとに表示内容をコントロールすることができるのです。「スケジュール（会員順）」または「スケジュール（時間順）」を選択して「プライベートスペース」に【カレンダー】を設置すれば、複数の「ルーム」に所属する自分自身とメンバーの予定を一覧表示させることができます。ログインした際に最初に表示されるプライベートルームのトップに【カレンダー】を表示しておくと、自分が所属する「ルーム」の予定が真っ先に目に入るので、大変便利です

▲図8.27：「グループスペース」に設置完了した全「ルーム」と「サブグループ」の一覧

【カレンダー】の設定

6. ［セッティングモード］をONにして、編集モードに切り替えます。
7. ［モジュールの追加］から【カレンダー】を選択し、表示方法を選択します。

表8.5

入力項目	説明
表示方法	年間表示、月表示（縮小）、月表示（拡大）、週表示、日表示、スケジュール（時間順）、スケジュール（会員順）から選択します。 また［指定したルームのみを表示］できます。
開始位置	年間表示または週表示、スケジュールを指定した際、今月、前月、1月、4月、今日、前日の中から選択できるものが異なります。
表示日数	スケジュール表示を指定した際に選択できます。1日から14日の間から選択します。

第8章　ここはおさえたい！NetCommons人気モジュール

8. 設置する場所により、［指定したルームのみ表示する］の表示方法を変更します。ここでは、「ルームⅠの場合、登録されているＡさん、Ｂさん、Ｃさん、Ｋさんが、自分自身のIDでそれぞれがログインし、【カレンダー】に直接自分自身の予定を書き込む」ことを想定して設定をしてみましょう。「サブグループ」ごとの表示ができる「週表示拡大」を選択し、指定する「ルーム」をルームⅠとそのサブグループ「Ａさん（ルームⅠ）」から「Ｋさん（ルームⅠ）」までを選択し、［追加>>］ボタンをクリックして、「表示ルーム」のボックス内に移動させます。

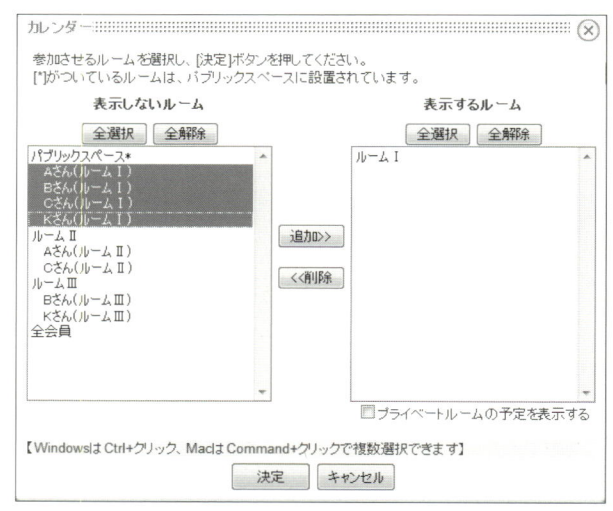

▲図8.28：【カレンダー】にどの「ルーム」の予定を表示させるのか設定する画面

9. 続いて「一般」権限で【カレンダー】に予定が書き込めるようにします。これはＡさん、Ｂさんらのベース権限を「一般」に設定しているためです。［権限設定］タグをクリックし、「サブグループ」はすべて「一般」にチェックを入れましょう。ここでは、図8.29のようにルームⅠ～Ⅲまでは、「一般」権限の会員を許可しない設定としました。つまり、そのグループ全体に共通する予定は「主担」のみが入力することになります。

4.【カレンダー】を使ってメンバーの今週の予定を把握する

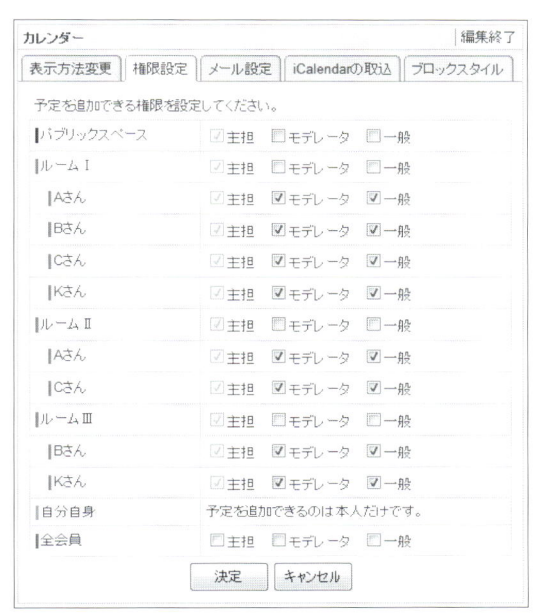

▲図8.29：各「ルーム」、「サブグループ」の投稿に関する［権限設定］を設定する画面

10. 以上で設定は完了しました。［決定］ボタンで確定します。
11. 【カレンダー】の設定が完了したら、Aさんらは、それぞれがご自身のIDでログインをし、各自の予定を入力していきます。【カレンダー】に表示されている鉛筆アイコンをクリックすると、予定の入力画面が開きます。「件名」と予定日時を入力し、「公開対象」を「ルーム」別に自分の名前の「サブグループ」を選択し、［決定］ボタンで登録します。［詳細な予定］をクリックするとWYSIWYGエディタが開き、予定を詳しく入力することができます。また、「メールで通知」にチェックを入れると、登録と同時にあらかじめ【カレンダー】の編集画面［メール配信］タブから指定してあるメンバーにメール配信されます。

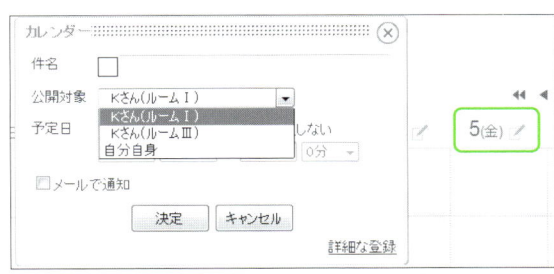

▲図8.30：各メンバーが予定を書き込む【カレンダー】の予定登録画面

第 8 章　ここはおさえたい！NetCommons 人気モジュール

12. するとルームⅠでは、図8.31のように全メンバーの予定が一目瞭然に表示されます。

▲図8.31：ルームⅠに設置した【カレンダー】の週表示画面

13. また、「プライベートスペース」に自分と関係者するメンバーの全予定を一覧で表示させることもできます。ここではプライベートルームに「ページ」を追加し、「スケジュール」と名称をつけて【カレンダー】の表示方法を「スケジュール（会員順）」で設定しています。「ルーム」は指定しません。図8.32のように1日ごとに他のメンバーも含めた動静を会員別に確認することができます。

▲図8.32：Aさんのプライベートルームに「スケジュール（会員順）」で設定した【カレンダー】

4.【カレンダー】を使ってメンバーの今週の予定を把握する

14.【カレンダー】の表示方法は設置後も変更できます。画面下に表示された［時間順］をクリックすると、「スケジュール（時間順）」で設定した場合と同様に切り替わり、以下の図8.33の表示となります。使いやすい表示方法をデフォルト設定とするとよいでしょう。またこの画面の鉛筆マークをクリックすると予定を追加することもできます。

▲図8.33：「スケジュール（時間順）」に切り替えた【カレンダー】

【カレンダー】を活用することで、メンバーに自分のIDで、各自の予定を登録してもらう、という日々のフローが、組織としての情報共有を日常的に、かつ無理なく行われるための仕組みづくりとして機能していく様子がおわかりいただけたのではないかと思います。

5 【回覧板】

　メールなどを使ってたくさんの人たちに連絡したけれど、内容を確認してもらえたかどうかわからない、確認したら連絡がほしい、ということはありませんか？

　【回覧板】モジュールは、指定したユーザ（回覧先）宛に回覧を作成し、その相手が閲覧したかどうか確認できるモジュールです。株式会社ウィズ・ワンが開発し、NetCommons2.3.3.0から正式にコアモジュールとして採用されました。回覧板が作成されたときは相手にメールで通知することも可能ですし、回覧に対して「確認しました」などのコメントをつけたり、あらかじめ設定された項目を選択して回答することができます。回覧状況を一覧で見ることができるので、誰が閲覧していないかを簡単に知ることができます。

【回覧板】の設置

1. ［セッティングモード］をONにして、編集モードに切り替えます。
2. ［モジュール追加］から【回覧板】を選択すると、［回覧板編集］タブの設定画面が表示されます。
3. まず、回覧を作成できる会員の権限を「主担」、「モデレータ」、「一般」の中から選択します。次に、投稿通知メールの「件名」や「本文」について指定します。「件名」と「本文」に表示されるキーワードは、投稿通知メール送信時に自動的に表8.6の通りに変換されます。必要のないものは削除すれば、通知メールに記載されません。

表8.6

キーワード	自動変換内容
{X-SITE_NAME}	サイト名称
{X-CIRCULAR_SUBJECT}	回覧件名
{X-CIRCULAR_BODY}	回覧内容
{X-CIRCULAR_CREATE_DATE}	回覧作成日時
{X-CIRCULAR_URL}	回覧内容確認URL

5. 【回覧板】

▲図8.34：【回覧板】編集画面

回覧の作成

4. 設定が完了したら、[決定]ボタンをクリックすると、【回覧板】が設置されます。次に、実際に回覧する内容や回覧先のメンバーを指定します。

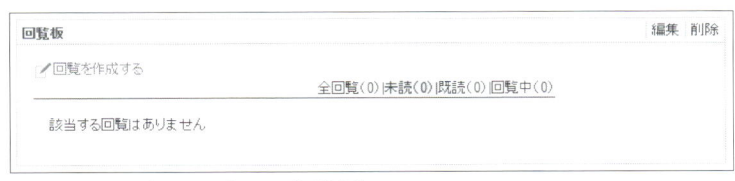

▲図8.35：設置完了したばかりの【回覧板】

5. [回覧を作成する]をクリックすると、図8.36の画面に切り替わり、回覧を作成することができます。

第 8 章　ここはおさえたい！NetCommons 人気モジュール

表8.7

入力項目	説明
タイトル	回覧板のタイトルを入力します。
回覧先	メンバーの一覧から回覧するメンバーを選択します。
回答タイプ	「記述方式」「選択方式」「択一方式」の中から回答方法を選択します。
既読にする設定	「回答時に既読にする」または「閲覧時に既読にする」を選択します。
回答期限	チェックを入れると、カレンダーのアイコンが表示され、日づけを設定できます。
新着情報に載せる	デフォルトでチェックが入っています。チェックが入っていれば、新着情報に表示されます。
メールで通知する	デフォルトでチェックが入っています。チェックが入っていれば、回覧先のメンバーにメールで回覧板が登録されたことを通知します。通知文は編集画面（図8.34）で設定したとおりです。

▲図8.36

いつも特定のメンバーに回覧したいときは？

　特定のメンバーに回覧したいときは、「お気に入りグループ」を作成しましょう。図8.36の鉛筆アイコンをクリックすると、図8.37のポップアップ画面が表示されます。ここで、まず「お気に入りグループ」に登録するグループ名を入力します。「参加メンバー」のプルダウンリストからグループを作成したいメンバーの参加している「ルーム」を選択します。

5.【回覧板】

▲図8.37：【回覧板】に「お気に入りグループ」を設定する画面

　「ルーム」から回覧グループの会員を追加することができます。追加したい会員名を選択して、[追加>>]で回覧グループに追加されます。登録後、作成したグループは回覧先絞込みプルダウンで選択できるようになります。[決定]ボタンで確定します。

前に回覧した内容をコピーして再利用したいときは？
　一度作成した回覧は次回作成する際、内容をコピーして再利用することができます。

回覧の閲覧、回答

6. CさんのIDでログインし、【回覧板】が設置されたページを表示させると、赤字で「未読（1）」と表示されています。

▲図8.38：回覧先メンバーのIDでログインした場合の表示

7. タイトルをクリックすると、回覧内容が表示されます。回覧先（自身のハンドルネーム）や回答日時のリンク表示になっている文字列をクリックすると、回覧板に回答できます。回覧作成時に[閲覧と同時に既読にする]設定になっていた場合、この段階で回答日時が記録されます。

165

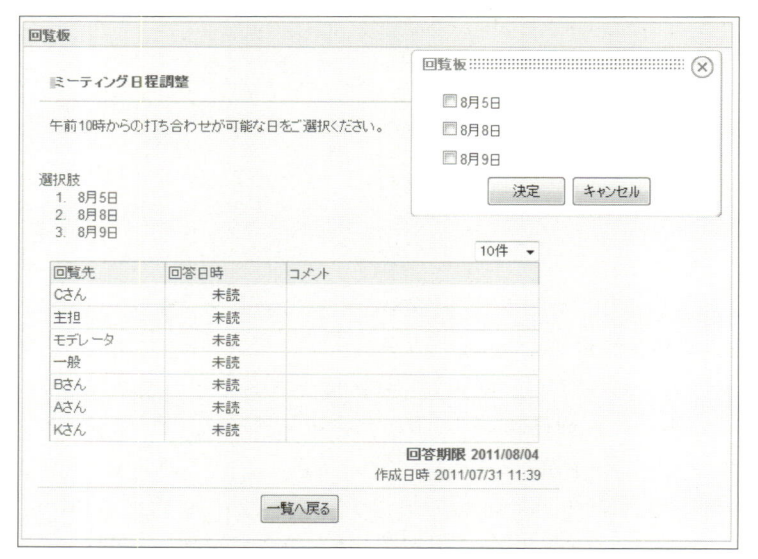

▲図8.39：回覧の内容表示画面

8. ［決定］ボタンをクリックすると、回答が登録されます。［一覧へ戻る］ボタンをクリックすると［未読］の件数が減り、［既読］の数字が増えています。自分のハンドル名、回答日時、コメントのどれかをクリックすれば再び編集することが可能です。

【回覧板】を設置した会員による回答状況の確認

9. 「主担」でログインし、【回覧板】を表示させ、［回覧中］をクリックします。

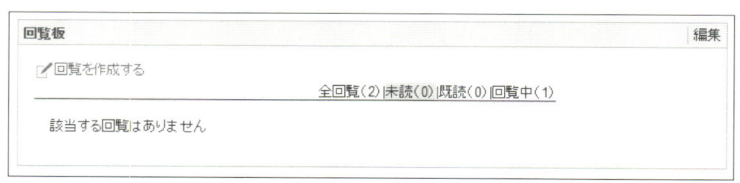

▲図8.40：確認したい【回覧板】を指定する前の画面
※全回覧数は、管理者権限でログインした場合に表示されます。

10. 回覧一覧が表示されるので、回答状況を確認したいタイトルをクリックします。

▲図8.41：【回覧板】の回覧中一覧表示画面

11. 回答がある場合、ここで回答日時と回答結果が表示されます。［追記する］をクリックすると、回覧中の本文にコメントを追加して回覧内容の変更をメールで通知することができます。回答状況を見て、［コピー］をクリックし、内容を少し変えた回覧を新たに作成することもできます。

▲図8.42：回覧の回答日時と結果の表示画面

【回覧板】を使うことで、掲示板や日誌の「メール配信機能」だけでは不十分だった、グループ内の情報共有を徹底することができるようになるでしょう。

付録1　公式サイトの使い方

　NetCommonsプロジェクト公式サイト（http://www.netcommons.org/）のお役立ち活用方法をご紹介します。

■ NetCommonsのプログラムダウンロード

　［ダウンロード］からNetCommonsのコアパッケージや、拡張モジュール、バージョンアップファイル等をダウンロードすることができます。［変更履歴］にて、バージョンアップにおける主な変更点を参照することができます。

■ バグレポート一覧の参照

　［ヘルプデスク］＞［バグレポート一覧］から、バグの情報を一覧で閲覧することができます。バグの内容および再現方法、バージョン情報、修正方法、コメント等が確認できます。「不具合かな？」と思ったら質問する前に、まずこちらを参照しましょう。

■ ［フォーラム］

　会員同士の意見交換や交流、NetCommons開発についてのご要望をお伺いするための掲示板です。

掲示板を利用する前に

　公式サイトにはNetCommonsユーザのための掲示板がテーマ別に設置されています。掲示板に投稿するためには、［新規登録］が必要です。画面右上に表示された［新規登録］をクリックして登録してください。メールで配信されてくる承認キー（メール下部にあるURL）をクリックしてはじめて、ログイン・書き込みが可能な状態になります。
　なお、登録完了後、ご質問を投稿する際には、まず以下の内容を確認してください。
- ［よくあるご質問］、［過去記事］、［トラブル報告］に同様の内容がないか。
- ［オンラインマニュアル］、［管理者用マニュアル］には記載されていないか。
- ［バグレポート一覧］にバグとして報告されていないか。
- お困りの現象に関して、公式サイトの「検索」で類似の問題が発生しているか。

　［検索］する際のポイントとして、「探索するモジュール」には「汎用データベース」、「FAQ」にもチェックを入れておきましょう。

付録1　公式サイトの使い方

質問フォーマット

　質問の際には、以下の情報を必ずお書きください。
1. レンタルサーバー環境か、自前サーバーか
2. わかる範囲で、サーバーのOSの種類およびバージョン、PHP・MySQLのバージョン、NetCommonsのバージョン
3. インストール・バージョンアップでつまずいた場合、NetCommonsファイルの転送方法
4. 現象が発生する端末について、ブラウザの種類、バージョン、接続の方法、セキュリティソフトおよびその設定方法

　本サイトはNetCommonsプロジェクトの情報開示のために開設しており、全てのご質問にはお応えすることが困難な場合があることをあらかじめご了承ください。

［ヘルプデスク］

　インストールおよび運用でのトラブル報告とチームNetCommons、または、すでに運用している他の会員からサポートを受けたい場合のご相談窓口となる掲示板です。バグと思われる不具合の報告についてもこちらで行います。

［事例集］

　ここにはNetCommonsで構築したサイトの情報が報告されています。みなさんも、ぜひ情報をお寄せください。また［ホーム］の右下にもNetCommonsで構築されたサイトの【リンクリスト】が設置されています。あわせてご活用ください。

［告知］

　NetCommonsの勉強会や展示会など、イベントの紹介や情報提供用の掲示板です。NetCommonsおよびNetCommonsプロジェクトに無関係のイベントや情報の紹介はご遠慮ください。有償で行う研修会等の宣伝についてはあらかじめNetCommonsプロジェクトの許可を得てください。NetCommons関連書籍・無償の交流会を含む研修会の投稿については、事前許可を得る必要はありません。

付録2　特定非営利活動法人コモンズネット

特定非営利活動法人コモンズネットとは

　コモンズネットは教育の情報化の推進を目的に設立された特定非営利活動法人です。

　NetCommonsの開発チームと共同研究団体を中心として、NetCommonsの普及活動を行っています。

　主たる事業内容は以下のとおりです。

- ◆NetCommonsに関する各種セミナーの開催及び他関連団体との交流事業
- ◆教育用オープンソースに関する調査研究、情報収集及び提供事業
- ◆教育用オープンソースに関する出版物及び会報等の発行事業
- ◆教育の情報化に関するソフトウェア等の企画・開発・販売

　展示会や書籍等を通じてNetCommonsの普及を行ったり、セミナーや研究会を通じてNetCommonsのメンテナンス方法やカスタマイズに関するノウハウを民間企業に移転し、NetCommonsの健全な普及に心がけています。

　また、参加会員企業によりNetCommonsを使用した事例紹介やサイト構築の際に参考となる資料などを配布しています。一般の方もコモンズネットサイトの「メールマガジン」よりご覧になれます。

　NetCommonsの初級講座（毎月1回定例開催）やデザインカスタマイズ講座（年6回奇数月に開催）を実施しています。詳しくは公式サイトをご参照ください。

　NetCommonsの大規模導入をご検討の機関は、公式サイトに掲載している「コモンズネット会員企業一覧」を確認の上、コモンズネットまでお気軽にご相談ください。

　なお、コモンズネットでは、NetCommons の動作が確認されたレンタルサーバー/SaaS会社のサービスを「NetCommons Ready（ネットコモンズレディー）」として認定する事業を2010年より開始しました。NetCommons Readyには「Gold」と「Silver」の2種類があります。NetCommons が安全確実に動作するサーバーを探す際の参考にお使いください。詳細情報は公式サイトでご確認ください。

　　　　　　　　　　　　　　　コモンズネット問い合わせ窓口：staff@commonsnet.org
　　　　　　　　　　　　　　　公式サイト：http://www.commonsnet.org/

付録3　取材協力一覧

本書の執筆にあたり、下記の皆様にご協力をいただきました。
この場をお借りして心より感謝申し上げます。

第1章

第1節　更新担当は全員！現場からの直接更新で多面的な情報発信を実現
広島市立瀬野小学校／平本 将司様

第2節　山間部小規模自治体、全17施設を1つのNetCommonsで
大子町教育委員会　学校教育課／清水 洋太郎様

第3節　研究室と学会の大会時限ウェブサイトを1つのNetCommonsで
筑波大学大学院生命環境科学研究科生命産業科学専攻／内海 真生様

第4節　日々の業務がそのまま組織のデータベースに
社団法人日本教育工学振興会（JAPET）／川上 泰雄様

第5節　1ページに【メニュー】を2つ設置することで閲覧者を上手にナビゲート
大崎上島町企画課情報係／末廣 大樹様

第6節　タイムリーな情報配信と会員専用コンテンツの提供をバランスよく運営するヒントが満載
日本企業情報株式会社／田川 孝展様

第7節　公開用サイトとメンバー専用サイトを同時構築
社団法人島原青年会議所総務広報委員会　委員長／田浦 聖宗様

第2章

第1節　グループウェアで校務をもっと効率的に
山形県教育センター　研究・情報課／齋藤 秀志様

第2節　関係各所への文書配信を正確かつ低コストに
徳島県立総合教育センター　教職員研修課／前田 宏治様

第3節　カレンダーで部署ごとの動静を一覧表示
埼玉県立総合教育センター／出井 孝一様

第4節　速やかな情報共有で共同執筆プロジェクトが2ヶ月で完了
特定非営利活動法人コモンズネット

第5節　在宅ワーカー35人がウェブで情報共有
株式会社エデュケーションデザインラボ

第3章

第1節　児童が作り上げる学校データベース
深谷市立上柴東小学校／兵頭 一樹様

第2節　情報モラルの授業をNetCommonsで
春日部市立上沖小学校／鷲林 潤壱様（現在の所属：内牧小学校）

第3節　大学入学予定者の不安を期待に変えるコミュニティサイト
国際基督教大学総合学習センター／小林 智子様

第4節　社員教育に大活躍、小テストモジュール
ジョイフル本田様
グループウェア構築請負：日本企業情報株式会社／田川 孝展様

第4章

第1節　【登録フォーム】で安否確認
潮来市立潮来第一中学校／千ヶ﨑 一雄様

第2節　インフルエンザで休校、タイムリーかつ安全な情報配信に威力を実感
神戸市教育委員会事務局 教育企画課／荒瀬 英文様

第3節　少ないバッテリー、不安定な通信環境に左右されない情報発信を模索
岩手県立総合教育センター／鈴木 利典様

第4節　被災地の要請と支援を結びつけるポータルサイト
文部科学省／生涯学習政策局政策課様
サイト構築請負：ユニアデックス株式会社様

特別協力
CiNii 国立情報学研究所 論文情報ナビゲータ［サイニィ］様
株式会社ウィズ・ワン様

索引

A
Amazon ··· 147, 152
API ··· 15

C
CGI ··· 30, 32
CMS ·· 2, 75

F
FTP ·· 98
FTP クライアントソフト ·· 71

G
Google マップ ·· 147, 148

H
HTTP プロトコル ·· 98

I
ID ·· 108
iframe ······································· 32, 64, 68

L
LAN ··· 35
LMS ··· 54

N
NetCommons 導入の成果
 ································· 9, 13, 25, 33, 37, 49, 69

P
PHP ··· 71

R
Researchmap ··· 14
RSS 配信 ··· 144

S
SaaS ······························· 9, 11, 14, 81, 88
SSL 通信 ··· 38

U
URL ··· 97

W
WYSIWYG ······································· 27, 33

Y
YouTube ······································· 147, 149

い
一時保存 ··· 71
一般 ······································· 40, 111, 112, 114
イントラネット ······································· 34, 98
インポート ······································· 125, 129

う
ウェブ 2.0 ······································· 101
ウェブサーバー ······································· 98

お
オープンソースソフトウェア ······································· 89
お知らせ ··············· 12, 19, 20, 27, 29, 47, 52, 64
オンライン状況 ······································· 26

か
会員管理 ······································· 123, 130, 138
会員検索 ······································· 124
会員登録 ······································· 125
回覧板 ······································· 35, 137, 162
学校危機管理 ······································· 86
カレンダー ··············· 12, 33, 42, 43, 47,
 137, 155, 160
管理系モジュール ······································· 112
管理者 ······································· 111

き
キャビネット ······································· 16, 25, 27, 29, 47
緊急連絡用サイト ······································· 81

く
クラウド ······································· 80
クラウドコンピューティング ······································· 88
グループウェア ······································· 102
グループスペース ······································· 4, 116

け

掲示板	45, 47, 48, 52, 73, 80
携帯管理	23
携帯電話	79
携帯電話対応	92
ゲスト	40, 111, 112, 114
権限	110, 119
権限管理	131

こ

更新率	9, 11
項目設定	129
個人情報	108
個人情報管理	119
コミュニケーション自体をコンテンツとして提供する	102
コミュニティウェア	102
コンテンツ・マネージメント・システム	102

さ

災害に強い学校	93
サブグループ	40, 42, 44

し

システムコントロールモジュール	112, 133
施設予約	36, 45
主担	71, 111
小テスト	67, 68, 69
承認機能	7, 12, 56
情報管理のルール	109
情報管理ポリシー	109
情報モラル	59
情報モラル教育	58
新規登録	28
新着情報	11, 13, 20, 28, 39, 137, 144

せ

セキュリティポリシー	90

そ

ソーシャルネットワーキング	102
ソーシャルネットワーキングサービス	100

ち

チャット	53, 61, 64

つ

通信プロトコル	98

て

データセンター	99

と

動画配信	63, 64
登録フォーム	16, 17, 72, 83

に

日誌	7, 12, 19, 21, 39, 60, 73, 77, 80, 137, 138
ニュース	144

は

ハイパーリンク	97
パブリックスペース	4, 116, 138
汎用データベース	19, 21, 28, 40, 41, 55, 56, 65, 83

ひ

非個人情報	109

ふ

フォトアルバム	31, 64
プライベートスペース	116
プライベートメッセージ	64

へ

ベース権限	110, 120
編集権限	71

ほ

ポータルサイト	82

め

メール配信	16, 40, 47, 52, 72, 73
メニュー	11, 23

索引

も
モジュールの組み合わせ ……………………… 19
モデレータ ……………………… 40, 111, 112

ゆ
ユーザカンファレンス ……………………… 136

り
リンクリスト ……………………… 68

る
ルーム ……………………… 4, 51, 116
ルーム管理 ……………………… 130, 134, 138
ルームの主担 ……………………… 116
ルーム内権限 ……………………… 110
ルールが破られないようなシステム的な対策 …… 109

れ
レポート ……………………… 63, 64

筆者　プロフィール

新井 紀子（あらい のりこ）
東京都出身。一橋大学法学部およびイリノイ大学卒業、イリノイ大学大学院数学科修了。博士（理学）。現在、国立情報学研究所 社会共有知研究センター長、同 情報社会相関研究系教授。専門は数理論理学（証明論）・知識共有・協調学習・数学教育。
2001年より、教育機関・公共機関向けの情報共有基盤システム NetCommons の開発を開始。2005年より NetCommons をオープンソースとして公開。現在、3000を超える機関でポータルサイトやグループウェアとして活用されている。また、中高生のためのネット上の遊び場「e-教室」(http://www.e-kyoshitsu.org)を設計、主宰している。
日本数学会教育委員会委員長、日本数学協会幹事を務める。主著に『ハッピーになれる算数』『生き抜くための数学入門』（理論社、イースト・プレス）、『こんどこそ！ わかる数学』『ネット上に遊びの場を創る』（岩波書店）、『math　stories数学は言葉』（東京図書）、『私にもできちゃった！NetCommonsで本格ウェブサイト』（近代科学社）など。

平塚 知真子（ひらつか ちまこ）
筑波大学発ベンチャー企業株式会社エデュケーションデザインラボ（EDL）代表取締役。特定非営利活動法人コモンズネット理事。NetCommons操作インストラクターを育成、認定する一般社団法人みらいウェブ推進協会理事長。
2003年から2006年まで国立情報学研究所新井紀子研究室に研究支援員として所属、NetCommons導入支援に携わる。起業後もNetCommonsエバンジェリストとして導入から環境支援、運用支援を継続。自身NPO法人の代表を経験する等コミュニティ活性化のための情報発信・情報共有コンサルティングが得意。

松本 太佳司（まつもと たかし）
NPO法人コモンズネット副理事長。メインフレーム、UNIX、Windowsをインフラとするシステム開発を数多く経験する。2006年よりNetCommonsプロジェクトに参画しNetCommonsの普及活動を行っている。

ネットコモンズ公式マニュアル
私にもできちゃった！NetCommons 実例でわかるサイト構築

© 2011 Noriko Arai & Chimako Hiratsuka & Takashi Matsumoto
Printed in Japan

2011年8月31日　初版第1刷発行

著　者　新井紀子、平塚知真子、松本太佳司
発行者　小山　透
発行所　株式会社 近代科学社
　　　　〒162-0843　東京都新宿区市谷田町2-7-15
　　　　電話　03-3260-6161
　　　　振替　00160-5-7625
　　　　http://www.kindaikagaku.co.jp

藤原印刷
ISBN978-4-7649-0411-8
定価はカバーに表示してあります。